BIBLIOTHÈQUE
INSTRUCTIVE

ARMAND DUBARRY

LA MER

BIBLIOTHÈQUE INSTRUCTIVE

LA MER

Paris. — Typ. du Magasin Pittoresque.

BIBLIOTHÈQUE INSTRUCTIVE

LA MER

PAR

ARMAND DUBARRY

(Deuxième Édition)

OUVRAGE
ILLUSTRÉ DE 90 GRAVURES SUR BOIS

PARIS
LIBRAIRIE FURNE
JOUVET & Cie, ÉDITEURS
5, RUE PALATINE, 5

M DCCC XCVI

LA MER

I

LES COURANTS

La mer. — Son étendue. — Ses convulsions. — Son réseau de voies de communication. — L'évaporation. — Le soleil au-dessus de la zone intertropicale. — Courants équatoriaux et courants polaires. — Comment la mer Rouge pourrait se dessécher à bref délai. — Le gulf-stream. — A quelle époque il fut connu. — Sa largeur et sa profondeur. — Son parcours. — Le calorique qu'il emmagasine. — Comment on le reconnaît. — Son action bienfaisante sur les côtes qu'il longe. — Routes qu'il a tracées entre l'Europe et l'Amérique. — Son rôle dans l'histoire de l'humanité. — Les courants de l'océan Indien. — Le Kuro-Sivo. — Le courant de Humboldt. — Ses dimensions. — Les courants d'ordre inférieur.

La mer! Que de choses renferme ce mot, que d'idées il éveille! La mer, c'est à la fois la puissance sans limite, la splendeur sublime, le mouvement perpétuel, la vie dans toute sa force et dans toute la fureur de ses débordements.

Sur cette planète, grain de sable dans l'univers infini, la mer est ce qu'il y a de plus grand, de plus admirable, de plus terrible et de plus utile. Sans elle, la terre ne serait pas habitable, et l'on peut, à juste titre, la qualifier de *féconde*, car elle vivifie tout ici-bas.

Certes, si la réflexion ne corrigeait les premières impressions que sa vue provoque, on serait tenté de se demander pourquoi elle sépare les continents et quelle est, dans l'économie générale du globe, son utilité; mais dès qu'on l'étudie, on cesse de la considérer comme un monstre dévorant, aveugle et stupide, et si l'on reste troublé en présence de ses colères épouvantables, on comprend son rôle suprême et l'on demeure émerveillé devant ses bienfaits permanents.

Elle couvre environ les trois quarts de la surface de la sphère, et ne reste pas une minute tranquille dans ce vaste espace. Du nord au sud, de l'est à l'ouest, sous quelque latitude, sous quelque longitude que ce soit, de son étendue, et en dépit des obstacles que lui opposent les côtes de granit qui l'enserrent, elle va, vient, bondit, gronde, écume, court, se soulève, s'agite. Il semble que la parole légendaire qui pousse sans cesse en avant le Juif errant l'oblige aussi à se mouvoir, car elle n'a ni trêve, ni repos.

Les principales causes de ses convulsions ininterrompues, dont il a fallu chercher les secrets au-dessus de nos têtes, sont : les rayons solaires chauffant l'eau, entre les tropiques, transformant cette eau en vapeur pour la laisser retomber en pluies, et modifiant ainsi, d'une façon permanente, le contenu du bassin intertropical; le mouvement naturel qui précipite les masses liquides des bassins polaires pour combler les vides faits par l'évaporation dans les bassins torrides; les marées, produites par l'attraction de la lune et l'attraction du soleil; la rotation et la translation de la terre, et l'action de l'air, des vents, qui n'est pas la moins énergique.

Les autres causes de ses ébranlements tiennent aux linéaments des continents, au plus ou moins d'élévation des hauts-fonds, au remous, au refoulement de l'eau qui se brise contre une falaise ou contre un courant contraire, et à divers accidents d'une importance restreinte.

Il résulte de cela que l'océan, à l'instar des États où le réseau des voies de communication est achevé, a des courants aux dimensions exceptionnelles, qui sont comme des routes nationales, des courants de second ordre, qui sont comme des routes départementales, des courants de troisième ordre, qui sont comme des chemins communaux, et des courants de quatrième ordre, qui sont comme des chemins vicinaux.

Cette comparaison est d'autant plus rationnelle que les courants, grands ou petits, constituent réellement, pour la plupart, nous disons pour la plupart parce qu'il en existe de sous-marins, des routes véritables tracées, sans le secours de l'administration des ponts-et-chaussées, par la Providence, pour relier les continents que l'eau sépare, et rapprocher les hommes à l'aide de l'échange des produits du sol et de ceux de l'industrie.

Si nous avions à expliquer, par une image, la formation des courants primaires dont nous venons de parler, de ceux dont la cause initiale est l'évaporation, nous montrerions le soleil, personnifié par un Gargantua qu'une soif inextinguible tourmenterait, penché sur la zone intertropicale et aspirant, chaque jour, pour se désaltérer, des milliers de kilomètres cubes d'eau; et aux pôles, particulièrement au pôle sud, autour duquel la masse liquide est plus grande qu'autour du pôle nord, d'autres géants, serviteurs forcés du Gargantua, occupés à remplacer, avec des eaux glacées, le liquide absorbé par leur maître.

De cette double opération naîtraient deux sortes de grands courants : 1° des courants équatoriaux provoqués par les vides faits à l'océan par l'intempérance de notre insatiable buveur, vides que les pluies sont impuissantes à combler, l'évaporation, dans les zones chaudes, enlevant à la mer plus d'eau que les nuages ne lui en rendent, et des courants polaires appelés par les vides en question, et venant remplacer les eaux absorbées, les eaux tièdes des courants équatoriaux s'écoulant toujours à la surface, en leur qualité d'eaux relativement légères, et les eaux des courants polaires, plus lourdes, s'écoulant en sens inverse, au-dessous ou à côté des eaux tièdes.

Jetez un coup d'œil sur une carte des courants superficiels de l'océan, et vous vous rendrez compte de cette division, et vous verrez que parmi les innombrables lignes sinueuses qui marbrent le planisphère ou la mappemonde, se trouvent invariablement, sous les tropiques, dans l'Atlantique, le Pacifique, la mer des Indes, sous le cercle polaire arctique, et sous le cercle polaire antarctique, se déroulant comme des boas sans fin, les principaux courants froids et les principaux courants chauds dont nous venons de parler.

Les grands courants de l'océan ont donc pour cause capitale l'évaporation, sont donc produits par le soleil,

De Lesseps.

et ce sont les grands courants équatoriaux qui donnent naissance aux grands courants polaires.

Pour indiquer l'action du soleil sur l'océan et les proportions de l'évaporation dans les régions torrides, nous dirons que la mer Rouge, qui ne reçoit aucun fleuve, et dont la longueur est de 2,350 kilomètres, la largeur de 30 à 269 kilomètres, et la profondeur moyenne de 400 mètres, et qui perd annuellement une épaisseur d'eau de six à sept mètres, serait desséchée en moins de soixante ans, cela au désespoir des actionnaires du canal creusé par M. de Lesseps, si un soulèvement du sol bouchait hermétiquement le détroit de Bab-el-Mandeb par où s'introduisent les eaux que lui apporte, du 1er janvier au 31 décembre, l'océan Indien, eaux dont le volume n'est pas moindre de mille milliards de mètres cubes.

Le bassin de la mer Rouge est, il est vrai, un des points du globe où la chaleur est le plus intense. A Massâouah, île de corail près de la côte abyssinienne, on a, en juin et en juillet, 54 degrés centigrades, ce qui arrache aux matelots hindous qui vont trafiquer dans ces parages ce cri : « Pondichéry est un bain chaud, Aden une fournaise et Massâouah l'enfer. »

Le thermomètre montant également très haut, sous les autres ciels torrides, on peut juger, par ce qui précède, de la quantité d'eau aspirée chaque jour par le soleil, et des mouvements qui doivent résulter pour la mer de cette aspiration, puisqu'il est connu que l'évaporation n'est pas uniforme sur toute l'étendue de la planète, que l'océan perd plus d'eau sous l'équateur que sous les cercles polaires, et que, par l'effet d'une loi naturelle sur laquelle il est inutile d'insister, la mer tend, sans relâche, à rétablir son équilibre incessamment compromis.

Nous ne pouvons passer en revue tous les courants et examiner, par le menu, les causes multiples qui contribuent à former ceux-ci, cela nous entraînerait trop loin et donnerait à ce livre des proportions et des aridités qui ne lui conviennent pas ; nous nous bornerons à citer quelques exemples de nature à instruire suffisamment sur l'ensemble de la question, et spécialement le grand courant équatorial de l'Atlantique appelé, par les Anglais et les Américains, *gulf-stream* (prononcez : golf-strîm) ou courant du golfe du Mexique, où il seprécipite et qu'il contourne avant de couler vers le nord et l'est, parce que celui-là est le plus connu.

Dans sa *Géographie de la mer*, Maury s'exprime en ces termes en commençant la description de ce phénomène océanique : « Il est un fleuve dans l'océan : dans les plus grandes sécheresses, jamais il ne tarit, dans les plus grandes crues, jamais il ne déborde. Ses rives et son lit sont des couches d'eau froide entre lesquelles coulent à flots pressés ses eaux tièdes et bleues. C'est le gulf-stream. Nulle part, sur le globe, il n'existe un courant aussi majestueux. Il est plus rapide que l'Amazone, plus impétueux que le Mississipi, et la masse de ces deux fleuves ne représente pas la millième partie du volume d'eau qu'il déplace. » On ne saurait esquisser plus magnifiquement la définition du fameux courant dont l'influence hydrologique est si considérable.

Le gulf-stream était ignoré lors de la découverte du nouveau monde, et l'on croit que ce furent les Espagnols Antonio de Alaminos et Ponce de Léon qui, les premiers, le signalèrent aux navigateurs européens, en 1513; mais on ne sut rien de précis sur lui avant le dix-huitième siècle. A cette époque seulement, on l'explora scientifiquement, et depuis, de hardis et savants géographes l'ont si bien et si courageusement étudié, qu'il n'a plus maintenant de mystères pour ceux que la géographie attire.

Le gulf-stream commence à proximité de la côte d'Afrique, en face du Sahara, traverse l'Atlantique, s'enfonce dans le golfe du Mexique par la mer des Antilles, se grossit là des eaux chaudes qu'il rencontre, et après six mois de promenade le long du littoral du Centre-Amérique, où il atteint sa plus haute température, débouche dans l'Océan par le canal de la Floride.

A ce moment, il a 59 kilomètres de largeur, 6 à 700 mètres d'épaisseur, une vitesse de 7 à 8 kilomètres à l'heure, et une température de 30 degrés centigrades, dépassant de 5 à 6 degrés la température des eaux qui lui servent de lit.

Dans l'Atlantique, il longe l'Amérique, puis, éloigné de la côte par un courant froid polaire, s'étale en éventail, au large du cap Hatteras, se dirige vers l'est, et s'élargissant de plus en plus, se divise en couvrant presque entièrement l'Océan, du banc de Terre-Neuve à l'extrémité de la Péninsule ibérique.

En gagnant les eaux boréales, son artère septentrionale lèche les côtes de France et d'Irlande; quant à son artère méridionale, elle descend vers l'Afrique pour aller mourir au nord des Antilles, sous le tropique du Cancer, en formant un vaste cirque, tandis qu'une branche de cette artère, continuant à courir dans la direction du sud, touche le courant équatorial et retourne dans le golfe du Mexique.

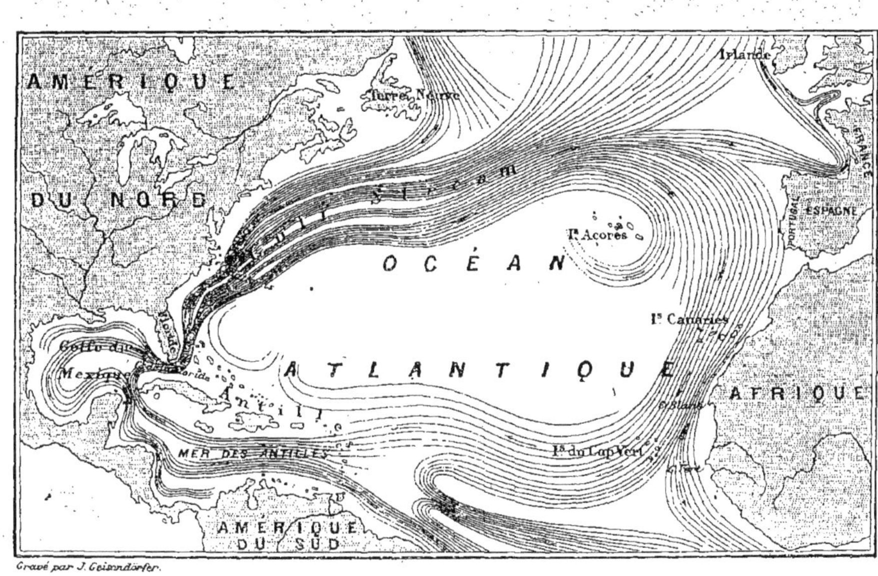

Gravé par J. Geisendörfer.

Gulf-stream.

Si nous en exceptons la portion que reçoit l'océan Glacial arctique, le gulf-stream met trois ans à faire le circuit qui marque son cours.

Ce circuit est figuré, sur la carte, par un ovale couvrant l'Atlantique de l'Amérique à l'Europe et à l'Afrique, entre le 48e degré et le 10e degré de latitude nord.

Un anneau, formé par la mer des Antilles et le golfe du Mexique, attache, à l'occident, cet ovale, au centre duquel s'étendent les prairies de varech qui effrayèrent Christophe Colomb.

Le gulf-stream, dont l'eau est bleue, tandis que celle des contre-courants froids est verdâtre, et dont la salinité normale est de 35 millièmes, perd naturellement en épaisseur et en rapidité ce qu'il gagne en largeur ; aussi, à la fin de son voyage, n'est-il plus qu'un courant lent et superficiel. En outre, sa température diminue au fur et à mesure qu'il avance vers le nord. Mais le calorique qu'il emmagasine pendant son tour du golfe et qui suffirait, s'il était amené sur un point unique, pour fondre des chaînes de montagnes de fer, ne se disperse que lentement, et il reste « bouillant » jusque sur les côtes de France et d'Irlande qu'il réchauffe et fertilise avec ses vapeurs tièdes.

Cette chaleur constante fournit un moyen simple et infaillible de reconnaître son cours. Ce moyen, inventé par Franklin en 1775, et que l'illustre savant ne dévoila pas tout d'abord, de crainte que les Anglais ne s'en servissent pour maintenir plus facilement sous le joug, par des envois rapides de troupes, les colonies américaines qui voulaient s'émanciper, ce moyen consiste à plonger dans l'Atlantique un thermomètre ; par le degré de chaleur que marque cet instrument, on sait si l'on est sur le grand fleuve

Franklin.

marin ou sur les eaux froides qui lui servent de lit.

C'est au gulf-stream que nos contrées, que le sud de l'Angleterre et de l'Irlande doivent leur climat tempéré. Sous le parallèle de cette dernière île, dans l'Amérique du Nord, au Labrador, la terre est glacée et la population n'est composée que d'Esquimaux vivant de chasse et de pêche; au contraire, la verte Érin, l'île Émeraude produit, à latitude égale, le myrte, le froment, le seigle, l'orge, l'avoine, le lin, la pomme de terre, les fruits des régions tempérées, et nourrit, sur ses belles prairies, de nombreux troupeaux de bétail.

En réchauffant l'Europe occidentale, le courant du golfe ne porte pas seulement, dans cette partie du monde, la fertilité et l'abondance, il y favorise aussi la civilisation qui, comme l'œuf, a besoin de chaleur pour éclore.

De plus, il fournit aux Européens des routes pour traverser l'Océan.

Colomb l'utilisa involontairement; plus tard, son cours ayant été relevé, on connut les chemins qu'il convenait d'éviter pour aller en Amérique et ceux qui conduisaient le plus rapidement d'Amérique en Europe, et la durée de la navigation sur l'Atlantique se trouva réduite de moitié.

Le gulf-stream n'est donc pas inutile à l'humanité. Ajoutons que ses eaux apportent encore à l'ancien Continent, avec des épaves et des arbres déracinés, des graines qu'elles ont reçues des côtes américaines et qu'elles sèment sur les plages européennes où elles germent. C'est ainsi que le vieux monde a gagné une quantité de plantes qu'il n'aurait eues que tardivement sans cela.

Nous avons signalé l'action des courants maritimes dans la dissémination des espèces botaniques au commencement de notre histoire anecdotique des aliments intitulée : *Le Boire et le Manger*.

Famille d'Esquimaux.

La mer des Indes et le Pacifique ont des courants analogues au gulf-stream.

Dans la mer des Indes, un grand courant chaud, descendant de l'espace brûlant situé entre l'Arabie et l'Indo-Chine, s'infléchit vers l'Afrique qu'il rase, du pays des Somâlis au cap de Bonne-Espérance, et s'engouffre dans l'océan Antarctique avec une vitesse égale à celle du gulf-stream, et un autre grand courant se développe en circuit entre l'Australie et Madagascar où il se fond avec le courant asiatique; dans le Pacifique, deux fleuves océaniques, produits par l'évaporation, en tout semblables au courant équatorial et au courant du golfe, de l'Atlantique, promènent leurs banderoles entre les deux Amériques, l'Asie orientale et la Nouvelle-Zélande.

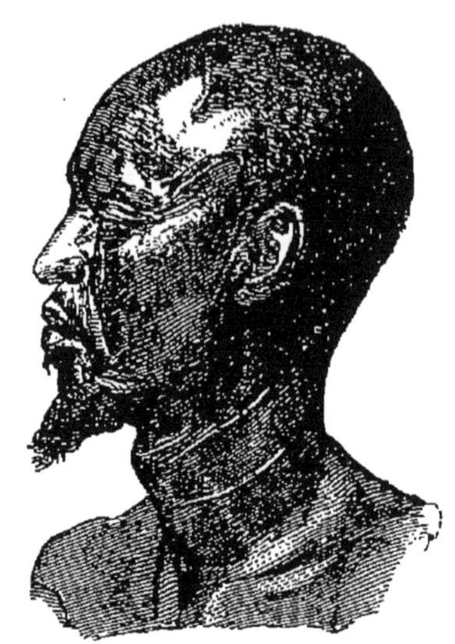
Somâlis.

Le plus important de ces deux fleuves est le Kuro-Sivo ou fleuve noir, qualifié de la sorte par les Japonais, à cause du bleu foncé de ses eaux, et auquel le Japon doit une partie des progrès qui l'ont si bien placé parmi les États de l'extrême Orient.

Le Kuro-Sivo, n'étant gêné par aucun continent dans ses évolutions, a une marche plus uniforme que son voisin de l'autre côté de l'isthme de Panama; à part cela, il présente les mêmes signes caractéristiques, sans en excepter les prairies de sargasses.

Les grands courants polaires déplacent autant de liquide que les grands courants chauds; mais comme leur fonction consiste à combler les vides produits par l'évaporation et qu'ils ne portent pas avec eux le calorique bienfaisant qui adoucit les climats, ils n'ont qu'une influence secondaire, au point de vue humain. Nous devons pourtant une mention spéciale au courant de Humboldt, ainsi nommé parce que le célèbre voyageur en a fait une description raisonnée.

Quand on regarde une sphère, il semble que la terre est accrochée au pôle nord et que le pôle sud soit un immense désert aquifère.

Effectivement, le grand réservoir des eaux du globe est au sud; donc, c'est du sud que doit venir le courant polaire le plus considérable.

Ce fleuve marin, hors de pair, cette artère océanique sans rivale : c'est le courant de Humboldt.

Le courant de Humboldt naît dans le bassin glacial antarctique, au midi du Pacifique, et va battre le littoral de la Patagonie, celui du Chili et celui du Pérou, où il abaisse notablement la température; au plus fort de son cours, entre le 50e et le 40e degré de latitude méridionale, il n'a pas moins de 1,780 mètres de profondeur sur une largeur moyenne de 5,500 kilomètres, d'après Duperrey.

Sa température, à la hauteur de Callao, est de 11 à 12 degrés centigrades plus froide que celle des eaux entre lesquelles il s'écoule.

Sa masse, qui finit par se mêler au courant équatorial, dit quelle est l'activité de l'évaporation dans le

Pacifique, puisqu'il est appelé du pôle par les dépressions que cette évaporation produit.

Les courants d'ordre inférieur ont, nous l'avons indiqué, des causes multiples et souvent locales.

Ainsi, la Méditerranée qui perd, par l'évaporation, plus d'eau qu'elle n'en reçoit des fleuves ses tribu-

Hutte de Patagons.

taires (1), serait à sec au bout de vingt-cinq à trente siècles si l'Atlantique ne comblait ses vides. De là, un courant océanique qui pénètre par le détroit de Gibraltar, s'étale entre l'Europe et l'Afrique, et

(1) On estime que les rayons solaires enlèvent, annuellement, à la Méditerranée, une tranche d'eau d'un mètre et demi d'épaisseur que ne restituent ni les fleuves ni les pluies.

provoque, par sa force d'impulsion, un contre-courant sous-marin qui chasse au large des masses d'eaux lourdes et saturées de chlorure de sodium, mélange et échange dont l'effet est d'empêcher notre mer intérieure de devenir une plaine de sel.

La mer Rouge ne subsiste que grâce aux flots de

Rocher de Gibraltar.

l'océan Indien, qui se glissent dans son bassin par le détroit de Bab-el-Mandeb.

Au contraire, la Baltique, à laquelle les fleuves apportent plus d'eau que le soleil ne lui en soustrait, déverse son trop-plein dans l'Atlantique et a, de la sorte, un courant de sortie au lieu d'avoir, comme la Méditerranée et la mer Rouge, un courant d'entrée.

2

Il nous est impossible d'énumérer ici toutes les origines des courants infimes, permanents ou variables, ou simplement accidentels, parce que ces origines sont infinies; mais il manquerait à cette partie de notre œuvre un de ses paragraphes les plus essentiels, si nous négligions de parler des vents, qui ont tant d'influence sur les courants, quels qu'ils soient.

II

L'AIR

L'atmosphère. — Les courants aériens. — Le pot au noir. — Les fleuves atmosphériques chauds et les fleuves atmosphériques froids. — Les alizés. — Les moussons. — Avantages de la connaissance des courants de l'air. — Les cyclones. — Signes précurseurs de ces météores. — Les cyclones de l'Atlantique. — La baisse du baromètre. — Forces de l'ouragan de Cuba en 1844. — Le cyclone du delta du Gange en 1737. — Celui des Antilles en 1780. — Ses ravages. — Le marquis de Bouillé. — Le cyclone de la Barbade du 10 août 1831. — Celui essuyé par *l'Amazone* en 1871. — Utilité des météores.

Notre planète est entourée d'une enveloppe gazeuse : l'atmosphère.

Impalpable, invisible, transparente, cette enveloppe contribue, avec l'eau, à donner au monde la vie.

Sans l'eau, la terre serait stérile ; sans l'air, rien de ce qui respire n'existerait. L'humanité entière est sous la dépendance des deux grands océans de la sphère : l'océan liquide et l'océan aérien.

Nous disons l'océan aérien, parce que l'atmosphère a, comme la mer, ses marées, ses courants, ses contre-courants, ses convulsions, et que ses vents réguliers, aussi bien que le gulf-stream et le Kuro-Sivo, ont rapproché des peuples que des milliers de lieues séparaient.

On croirait même que l'air et l'eau s'appliquent à régler uniformément leur conduite, tellement les mouvements de la mer et ceux de l'atmosphère sont identiques, sauf la différence des milieux, l'eau étant emprisonnée entre des murailles de pierre qui limitent son expansion, l'air ayant le champ libre.

Pour rentrer dans la question qui nous occupe présentement, les grands courants marins sont exactement reproduits dans l'océan atmosphérique.

Sous l'action des rayons du soleil, entre les tropiques, l'air dilaté s'élève en spirales dans les régions supérieures où il se forme en deux courants essentiels : un courant allant au pôle arctique, un autre courant filant vers le pôle antarctique; et voilà les grands fleuves atmosphériques équatoriaux créés par le même agent que les grands fleuves océaniques équatoriaux : la chaleur solaire.

Le vide produit par l'ascension de l'air surchauffé, devant être immédiatement comblé, l'air froid des pôles, attiré par ce foyer d'appel, se précipite vers l'équateur; et voici la reproduction des grands courants marins polaires.

Courants d'aller, de l'équateur aux pôles, et courants de retour, des pôles à l'équateur, telles sont les principales artères de l'air. Par leur action compensatrice combinée, l'atmosphère conserve son équilibre, puisque l'air que les courants chauds enlèvent aux zones torrides est remplacé par l'air que les courants froids empruntent aux zones glaciales.

Poussons plus loin les rapprochements : dans l'Atlantique et dans le Pacifique, le gulf-stream et le Kuro-Sivo ont, au centre de leur vaste circuit, un espace où règne le calme et que recouvre le varech ; les grands courants atmosphériques ont également, à peu près aux mêmes endroits, une zone paisible, abondante seulement en pluies, que les marins appellent pittoresquement : *pot au noir*.

Ce pot au noir de l'air, c'est la mer de sargasses de la mer.

Les courants atmosphériques reproduisent encore, par suite de la rotation de la terre, les courbes des courants océaniques.

Si le globe n'était pas emporté avec une rapidité vertigineuse, de l'ouest à l'est, les grands courants atmosphériques fileraient en ligne droite, en suivant le méridien; mais la vitesse variable de la rotation qui, nulle aux pôles, va successivement en augmentant jusqu'à l'équateur où elle est de 1,670 kilomètres à l'heure, les fait dévier, qu'ils viennent de la région torride ou de la région glacée. C'est pourquoi l'hémisphère boréal a un grand courant atmosphérique se mouvant du nord-est au sud-ouest, et l'émisphère austral un grand courant atmosphérique allant du sud-est au nord-ouest, chacun se dirigeant obliquement à la rencontre de l'autre. Près de l'équateur, ils se heurtent, se neutralisent, et c'est alors la région des calmes.

Au-dessus d'eux s'étendent, en sens opposé, les grands courants atmosphériques chauds.

Notons une différence capitale entre les fleuves aériens et les fleuves océaniques.

Les fleuves océaniques chauds, qui portent vers les

pôles une partie du calorique de la zone brûlante, sont presque seuls utiles à la terre qu'ils arrachent à l'engourdissement; au contraire, ce sont les fleuves atmosphériques froids qui rendent le plus de services aux peuples, parce qu'ils sont bas et peuvent être utilisés par la navigation, tandis que les fleuves atmosphériques chauds sont ordinairement élevés et circulent, soixante fois sur cent, à des hauteurs que n'atteignent pas les mâts et les voiles des bâtiments du plus fort tonnage.

Les grands courants atmosphériques, dont la découverte ne date que du seizième siècle, ont été baptisés par les Anglais, vents du commerce, *trade-winds*, à cause des avantages qu'ils offrent à la marine marchande, et par nos pères : *alizés*, de l'ancien français *alis*, uni, régulier, expression qui rappelle le terme espagnol *alisar*, lequel a la même signification, et d'où est venu le mot *alisios : vientos alisios*.

Les courants atmosphériques venant des pôles sont les alizés véritables; les courants atmosphériques partant de l'équateur, à plusieurs kilomètres d'altitude, sont les contre-alizés. Ceux-là s'abattent en s'avançant vers les pôles, parce qu'en se refroidissant ils s'alourdissent.

Les alizés ne sont pas d'une régularité stricte à cause de la fréquence des oscillations de l'atmosphère; néanmoins, on peut compter sur eux pour faire route, car s'ils s'attardent de temps à autre en chemin ou, s'ils se jettent inopinément dans les fossés ou dans les halliers qu'ils traversent, ils se remettent toujours sur la bonne voie.

Les alizés soufflent avec égalité dans l'Atlantique, dont les limites sont assez régulières; dans le Pacifique, ils s'égarent, font l'école buissonnière, se buttent contre les archipels de la Polynésie, s'y cassent parfois plumes et ailes, et se transforment en brises alternantes.

Les courants marins éprouvent des accidents analogues.

Les alizés ne sont constants que sur les océans, où aucun obstacle sérieux ne les contrarie; mais sur les continents, où les montagnes, les forêts, les plateaux leur barrent le passage, ils perdent leur élan, leur caractère, leur amplitude, et se fractionnent en vents périodiques.

Lorsqu'on parle de ces courants aériens, il faut citer, en première ligne, les moussons de l'Océan Indien, connues de toute antiquité, et dont le nom vient de l'arabe *mawsim*, qui signifie saison.

Les moussons soufflent pendant six mois dans une direction, et pendant six autres mois dans la direction contraire, et naissent, comme les alizés, du soleil.

Durant les chaleurs accablantes de l'été, l'air, extraordinairement surchauffé, dans l'Asie méridionale, se dilate et s'élève; le vide qu'il laisse par son ascension appelle de l'océan Indien des masses aériennes, et de la sorte s'établit le courant.

Quand l'hiver plane sur les plaines de l'Arabie, sur les plateaux de l'Asie centrale, sur les campagnes de l'Hindoustan, le phénomène se manifeste dans l'hémisphère austral, et les courants d'appel se transportent sur les côtes occidentales de l'Australie et sur les îles de la Sonde.

Ainsi se forment alternativement deux courants atmosphériques périodiques : un courant qui souffle d'avril à octobre dans l'hémisphère boréal, et un courant qui souffle d'octobre à avril dans l'hémisphère austral.

Les mêmes causes rompent l'uniformité des alizés dans le golfe de Guinée, sur les côtes du golfe du Mexique et de la Californie, sur celles de la Méditerranée, où les chaleurs excessives du Sahara attirent, par les vides qu'elles font, les masses aériennes de l'Europe.

La chaleur et le froid, voilà les deux facteurs des courants de l'air; le reste est secondaire dans les vibrations de l'enveloppe gazeuse et mobile du globe.

L'étude des fleuves célestes a autant servi à la navigation que celle des fleuves océaniques, et c'est par elle qu'on est parvenu à s'orienter au milieu des lacis compliqués des uns et des autres.

Les météores qui bouleversent ciel et terre naissent également du froid et du chaud, particulièrement entre les grands courants de l'eau et les grands courants de l'air.

Le gulf-stream a été surnommé le *Père de la tempête*, en raison des cataclysmes qu'il engendre.

Les grands courants équatoriaux marins qui coulent entre des eaux moins élevées en température que les leurs, les courants atmosphériques chauds et les courants atmosphériques froids qui se croisent ou se rencontrent, donnent lieu, par leur contact, l'inégalité de leur calorique, celle de leur humidité et de leur tension électrique, à des perturbations qu'on nomme *typhons* en Asie et en Océanie, et *cyclones* en Europe, en Afrique et en Amérique.

Paysage de l'île de Cuba.

Cette dernière expression, qui signifie tempête tournante (le cyclone a été comparé à un disque tournant dans l'espace), est la plus scientifique.

Dans l'Atlantique comme dans le Pacifique, comme dans l'océan Indien, c'est généralement l'été que se manifestent les météores dévastateurs. Alors, l'accroissement de la chaleur et de la vapeur d'eau dans l'air et l'appel des vents du nord activent à un tel point le dégagement de l'électricité, que tout est facilement en confusion au milieu de l'atmosphère.

L'ouragan surgit-il? Le ciel se couvre de nuages noirs, la foudre gronde, les éclairs se multiplient, la température s'abaisse, la pluie tombe, en grêlons ou à torrents, les vents se déchaînent, et de leur vitesse la plus faible, 5 centimètres par seconde, atteignent leur vitesse extrême, 45 mètres par seconde, ou même 73 mètres, selon M. Coupvent-Desbois, l'océan est soulevé et la dévastation apparaît.

Les anciens avaient personnifié la tempête; les Indiens, les Chinois, les Japonais ont un dieu des orages qui est aussi celui de la destruction et de la mort.

« Ces brusques mouvements de l'air sont peut-être, après les grandes éruptions volcaniques, les météores les plus effrayants de la planète, dit M. Élisée Reclus dans son livre intitulé *la Terre*. « Quelques jours avant que le terrible ouragan se déchaîne, la nature, déjà morne et comme voilée, semble pressentir un désastre. Les petites nuées blanches qui voyagent dans les hauteurs de l'air avec les contre-alizés se cachent sous une vapeur jaunâtre ou d'un blanc sale; les astres s'entourent de halos vaguement irisés; de lourdes assises de nuages qui, le soir, offrent les plus magnifiques nuances de pourpre et d'or, pèsent au loin sur l'horizon; l'air est étouffant comme s'il venait de passer sur la bouche de quelque grande fournaise. Le cyclone, qui tournoie déjà dans les régions supérieures, se rapproche graduellement de la surface du sol ou des eaux. Des lambeaux déchirés de nuages rougeâtres ou noirs sont entraînés avec furie par la tempête qui plonge, traverse l'espace et s'enfuit; la colonne de mercure s'agite affolée dans le baromètre et baisse rapidement; les oiseaux se réunissent en cercle comme pour se concentrer, puis s'envolent à tire d'aile afin d'échapper au météore qui les poursuit. Bientôt une masse obscure se montre dans la partie menaçante du ciel; cette masse grandit, s'étale peu à peu et recouvre l'azur d'un voile affreux de ténèbres ou d'un reflet sanglant. C'est le cyclone qui s'abat et qui prend possession de son empire en tordant ses immenses spirales autour de l'horizon. Au silence terrible succède le hurlement de la mer et des cieux. »

C'est notamment aux Antilles, dans la mer des Indes, et le long des côtes méridionales de l'Asie, de l'Hindoustan à la Chine, que les cyclones font le plus de ravages. L'action de l'électricité combinée avec celle du vent leur communique, dans ces diverses contrées, une puissance inouïe.

Malheur aux bâtiments qu'ils rencontrent. Sur les rivages qu'ils touchent, ils refoulent les fleuves vers leurs sources, couvrent les terres basses, labourent le sol, renversent les habitations, déracinent les arbres, pulvérisent, noient, foudroient tout. La mer mugit et se démonte, le vent siffle et hurle, le zénith s'obscurcit affreusement, la foudre éclate, les éclairs se succèdent : c'est le chaos, c'est l'enfer.

Un indice certain annonce le météore : la baisse du baromètre, et c'est sur cette baisse que les météorologistes modernes ont basé leur science. Souvent, en rade et au large, les marins ont le loisir de mettre

Hindou.

à profit l'avertissement que leur donne le mercure ; mais souvent aussi ils sont surpris par le cataclysme.

Nés dans les régions tropicales, les cyclones vont mourir dans les régions froides.

Un savant a fait des recherches sur leur puissance effective, et a trouvé que l'ouragan qui souffla sur Cuba le 5 octobre 1844, et dont la marche, entre les

Antilles et Terre-Neuve, dura trois jours, eut un mouvement de masses aériennes représentant 500 millions de chevaux-vapeur, quinze fois la force des hommes, des animaux de trait et des machines du globe!

Et ce météore n'était qu'un jeu d'enfant comparé au cyclone qui traversa le delta du Gange, en 1737, noya vingt mille Hindous et fracassa deux cents navires, et à celui qui s'abattit, le 10 octobre 1780, sur les Antilles.

A la Barbade, ce dernier rasa le sol, et ne laissa rien debout; à Sainte-Lucie, il fit six mille victimes; près de la Martinique, il enveloppa un convoi français de cinquante bâtiments montés par six mille soldats ou matelots, et le coula. Dans le même temps, il s'attaqua à une escadre anglaise qu'il anéantit, détruisit toutes les maisons de Kingstown, dans l'île de Saint-Vincent, arracha des bancs de corail et les transporta à la côte, enleva des canons sur les batteries, démolit, à Fort-Royal, les églises, les édifices publics et cent quarante maisons qui écrasèrent sous leurs décombres quinze cents individus, engloutit mille personnes à Saint-Pierre, et en tua neuf mille à la Martinique.

Jamais, de mémoire d'homme, la rage de la nature ne s'était manifestée avec cette fureur.

La France et l'Angleterre, à ce moment en guerre, auraient été incapables de se porter des coups aussi rudes que ceux qu'elles reçurent toutes les deux de cette inoubliable tourmente.

Quand le calme se rétablit, des marins anglais, sauvés miraculeusement de la catastrophe, restèrent prisonniers de nos compatriotes. Le marquis de Bouillé, le même qui organisa la fuite de Louis XVI en 1791, commandait à la Martinique. Profondément remué par le drame grandiose auquel il venait d'assister, il déclara que le malheur devait rapprocher les hommes, et rendit spontanément la liberté aux ennemis tombés en son pouvoir.

Reid a décrit en ces termes le cyclone qui sévit à la Barbade, le 10 août 1831 :

« A sept heures du soir, le ciel était clair et le temps calme ; un peu après neuf heures, le vent souffla du nord ; vers 10 heures 1/2, on aperçut des éclairs dans le nord-nord-est et dans le nord-ouest. Des rafales de vent et de pluie du nord-nord-est, avec des intervalles d'accalmie, se succédèrent jusqu'à minuit. Après minuit les éclairs et les coups de tonnerre se multiplièrent et l'ouragan souffla avec rage du nord et du nord-est. A une heure du matin, le vent sauta brusquement au nord-ouest, les éclairs sillonnèrent incessamment les nuages, les zigzags de la lumière électrique devinrent d'une extrême vivacité et la foudre éclata dans toutes les directions. A deux heures, le bruit assourdissant du cyclone soufflant du nord-nord-ouest et du nord-ouest était impossible à retracer. Le colonel Nickle, à l'abri sous une voûte basse, en dehors de sa maison, n'entendit pas le bruit produit par l'écroulement de l'étage supérieur, et ne s'aperçut de cet écroulement qu'en voyant la poussière qui en résulta. Vers trois heures, le vent mollit, mais il y avait encore d'extraordinaires rafales du sud-ouest, de l'ouest et de l'ouest-nord-ouest.

« Les éclairs ayant cessé pendant quelques instants, la ville fut plongée dans une obscurité terrifiante

« Plusieurs météores tombèrent du ciel.

« Un de ces météores, de forme sphérique et d'un rouge foncé, sembla descendre verticalement d'une grande hauteur. Il tomba évidemment poussé par sa pesanteur spécifique. En approchant de terre avec un mouvement accéléré, il devint d'une blancheur éblouissante, prit une forme allongée, et en tombant sur la place Beckwith, se divisa en mille morceaux, comme du métal en fusion, et s'éteignit.

« Ce phénomène s'était produit depuis quelques minutes quand le bruit assourdissant du vent se changea en un murmure solennel, ou plus exactement en un rugissement lointain. Alors, les éclairs prirent un développement, une vivacité et un éclat surprenants, et couvrirent l'espace, entre les nuages et la terre, pendant une demi-heure. Cette masse immense de vapeur semblait toucher les maisons, et lançait vers la terre des flammes, que celle-ci lui renvoyait.

« Après cette prodigieuse succession d'éclairs, l'ouragan éclata à nouveau de l'ouest avec une violence indescriptible, chassant devant lui des milliers de débris de toute nature. Les maisons les plus solides furent ébranlées dans leurs fondements, et tout le pays trembla sous la force du fléau destructeur. Le hurlement horrible du vent, le grondement de l'Océan dont les lames monstrueuses menaçaient d'engloutir tout ce que la tempête laissait debout, le bruit mat des tuiles, la chute des toits et des murs, etc., formaient un fracas épouvantable. Ceux qui ont assisté à une pareille scène d'horreur peuvent seuls se faire une idée de l'effroi et du découragement que l'homme éprouve en présence d'un tel bouleversement.

« Au bout de cinq heures, l'orage mollissant, on put

mieux entendre la chute des tuiles et des matériaux de construction que la dernière rafale avait probablement soulevés à une grande hauteur. A 6 heures du matin, le vent était au sud, à 7 heures au sud-est, à 8 heures à l'est-sud-est, et à 9 heures, le temps redevenait clair. »

Reid ajoute que dès que le jour lui permit de distinguer les objets, il se rendit, non sans peine, sur le quai. La pluie, chassée avec assez de rudesse pour faire mal à l'épiderme, était si épaisse qu'on pouvait tout au plus distinguer les objets d'un bout à l'autre du môle. La scène avait une saisissante majesté; des vagues gigantesques roulaient sur la plage, où elles semblaient vouloir tout engloutir en portant des épaves de toutes sortes. Deux bâtiments seulement étaient à flot en dedans de la jetée ; les autres avaient chaviré ou s'étaient perdus sur des hauts fonds.

« Du sommet de la tour de la cathédrale, termine-t-il, on ne découvrait qu'une vaste plaine de ruines ; pas un seul signe de végétation, sauf, çà et là, de petits champs d'herbe jaunie. La région paraissait avoir été brûlée. Les quelques arbres qui subsistaient, dépouillés de leurs branches et de leurs feuilles, avaient le même aspect qu'en hiver ; les nombreuses villas qui sont dans les environs de Bridgetown étaient démolies. »

En citant cette relation, dans *La loi des tempêtes*, M. Dove dit ceci :

« Pendant que l'ouragan se déchaînait, la tension électrique fut telle que des étincelles jaillirent d'un nègre dans le jardin du collège Codrington ; nous pouvons donc admettre avec le général Reid que les

Navire fuyant devant un cyclone.

grands arbres abattus à Saint-Vincent furent renversés par la quantité d'électricité qui se dégagea durant cette tempête, qu'accompagna une pluie d'eau salée, anomalie qu'on a souvent observée ailleurs. A la pointe du nord, les vagues brisèrent constamment à une hauteur de 22 mètres. »

Écoutons à présent le récit du cyclone qu'essuya en 1871, le transport l'*Amazone;* c'est le capitaine de frégate Riondet, commandant de ce transport, qui parle : « Le 5 octobre, je partis de la Martinique à 8 heures du matin, en destination de Rochefort, avec du matériel pris à la Guadeloupe et à Fort-de-France, et cent soixante-dix-sept passagers. A 9 heures du matin, le lendemain, me trouvant à 15 milles dans le nord-est de la Désirade (1), je fis éteindre les feux et mis à la voile, avec brise de nord-est et beau temps. Le 8, dans la matinée, le vent fraîchit et il y eut quelques grains. — Baromètre 763 millimètres. Le 10, le vent hâla le nord et força un peu ; la mer se fit. Des grains mêlés de pluie furent plus fréquents, et on vit des éclairs au sud et à l'ouest. — Baromètre : 760^{mm}. L'apparence du temps n'était pas bonne. Depuis minuit, la mer, le vent, les grains, devinrent mauvais. Nous prîmes la cape courante sous les huniers inférieurs, l'artimon, la trinquette et la misaine à deux ris. Vers midi, la mer devint plus grosse ; le vent toujours de la même partie nord, très fort. — Baromètre : 759^{mm}.

« Pour ne pas fatiguer et pour mieux gouverner,

(1) Le mille marin représente le tiers de la lieue marine, laquelle est contenue vingt fois dans un degré. La longueur du mille marin est de 1,851^{m},85, en nombre rond de 1,852 mètres.

nous nous mîmes sous le grand hunier inférieur, l'artimon et la misaine à deux ris. L'*Amazone* se comportait très bien. De fortes rafales se succédaient.

« A midi 1/2 le grand hunier se déchira et fut emporté. Je fis allumer les feux des chaudières pour nous soutenir. L'idée d'un cyclone se présenta à mon esprit, mais j'espérai qu'un pareil météore ne fondrait pas sur nous, des coups de vent rectilignes se présentant souvent dans les parages des Bermudes, dont nous n'étions qu'à 120 lieues. Nous étions à la fin d'un quartier de la lune, et l'hivernage se terminait. Cependant nous nous trouvions dans le cas d'un cyclone, juste dans la direction du centre, le vent étant invariable au nord-est. Je poursuivis ma route au nord-ouest, comptant que le coup de vent ne tarderait pas à cesser. Le baromètre continuait à descendre et, le voyant à 747 millimètres à 4 heures 45 minutes, je commençai à concevoir des inquiétudes. Le temps empirant toujours, quoi qu'il en fût d'un simple coup de vent à recevoir ou d'un cyclone, je résolus de fuir dans le sud-ouest, ainsi qu'il le fallait dans le dernier cas, d'après notre position.

« A 5 heures, nous étions à la cape sous la misaine seulement. J'avais bien des appréhensions sous cette allure, sachant que mon navire était faible dans les parties arrière, mais je jugeai que de deux dangers menaçants il fallait affronter le moindre. J'allais être convaincu que j'avais bien agi : nous nous trouvions en effet sous les premières étreintes d'un cyclone.

« Le baromètre était descendu à 698 millimètres.

« A 5 heures nous courions donc au sud-ouest, mais nous gouvernions mal. La mer et le vent forçant de plus en plus, étaient devenus horribles.

« A 6 heures nous embardions du sud au sud-est, le gouvernail était impuissant à nous faire arriver. Nos embarcations de porte-manteaux s'envolaient pour ainsi dire; celles de bâbord étaient rabattues sur le pont. Je donnai ordre de couper les galhaubans pour faire tomber le mât d'artimon. Il tomba, mais le navire n'arriva pas. La roue était endommagée, le pont enfoncé au-dessus du carré des officiers par la vergue barrée, le vent, avec des mugissements terribles, des sifflements aigus, renversant, arrachant, dispersant tout. On ne pouvait plus se tenir sur le pont que cramponné à quelque objet bien solide. La mer, sans étendue, tant l'horizon était obscur et rapproché, battait nos flancs en grondant. Une pluie torrentielle, salée par le mélange avec les embruns, les éclairs, la foudre, tous les éléments déchaînés, nous assaillaient à coups redoublés. La misaine disparut vers 7 heures, puis la trinquette, et le petit foc qu'on était parvenu à hisser. Nous restions à sec de toile sur les bords du centre du cyclone, et je crois, dans le nord-est de son point central même.

« Vers 7 heures 1/2 nous nous trouvions dans la partie la plus dangereuse du météore. Il allait nous passer dessus dans quelques instants. Le grand mât se brisait ne laissant qu'un tronçon de 7 à 8 mètres; le petit mât de hune tombait; le bout-dehors se cassait au chouque du beaupré, et ce mât lui-même craquait près des liures. A tribord et bâbord, derrière, devant, la plus grande partie des bastingages était partie à la mer ou abattue sur le pont. Les deux canons de tribord ayant rompu leurs saisines, glissaient à l'eau avec leurs affûts. La chaloupe et les drômes démarrées de leurs triples attrapes se heurtaient contre les débris des murailles. Par un bonheur inouï, ni la chute des mâts ni la violence du vent n'avaient ébranlé la cheminée.

« Depuis 7 heures 1/2 le gouvernail ne sentait plus l'action de la roue et nous gouvernions à barre franche, tâchant, mais en vain, de mettre le cap au sud et au sud-ouest. Nous étions invariablement tournés au sud et nous venions vers le sud-est. Un officier vint m'informer que nous n'avions plus de gouvernail et que la barre était fendue sur un des côtés de sa mortaise. La chambre de chauffe fut quittée trois fois par les chauffeurs. L'eau envahissait, et le feu des fourneaux était chassé en dedans par la force du vent plongeant par la cheminée. L'eau pénétrait à pleins bords par les panneaux et par le puits de l'hélice défoncé en grand. Tout le monde était aux pompes. Le danger donnait des forces même aux malades. Les ouvriers de diverses professions bouchaient les voies d'eau, consolidaient et redressaient tout ce qui menaçait de se démolir. Au milieu de ce bouleversement, du craquement des murailles, des bancs, des cloisons, en présence des débris de toute espèce, aucun cri de détresse, aucun signe de panique. Chacun travaillait avec courage et résignation.

« A 8 heures, il se fit un calme subit ; le vent et la mer s'apaisèrent. Le ciel s'éclaircit au zénith, où brillaient des étoiles. Nous entrions dans le centre du météore. Pendant ce répit, qui dura dix minutes, j'observai que le cercle zénithal avait sa concavité tournée vers la droite et que son bord paraissait droit au-dessus de nous. D'après le cap que nous avions (sud au sud-est) cette observation me montra que j'étais dans le demi-cercle dangereux, et comme le vent ne cessa de venir de la hanche de bâbord, j'en conclus que le centre était traversé par l'*Amazone* sur une corde assez petite et parallèle au parcours. Pendant le passage du centre des feux Saint-Elme parurent sur le navire.

« Bientôt le cercle zénithal s'effaça, les mugissements du vent recommencèrent, la mer redevint furieuse, en blanchissant d'une manière éclatante sur le fond noir de l'horizon. A ce moment, une lame monstrueuse, une immense volute, dépassant le navire de l'avant à l'arrière, s'avança sur nous en nous dominant d'une dizaine de mètres. Elle nous passa dessus, inonda le navire, le coucha sur le flanc à donner le vertige; mais, grâce à Dieu ! nous nous redressâmes. Le navire avait tourné à l'ouest et jusqu'à l'ouest-nord-ouest. Le vent venait encore de la hanche de bâbord, ainsi que la mer.

« A partir de notre sortie du centre, le baromètre remonta. Le temps était encore affreux, mais tendait à s'améliorer. A 9 heures, le vent et la mer étaient tombés. A minuit nous étions hors de danger; le baromètre, déjà à 732 millimètres, continuait à remonter. Le vent était au sud-sud-ouest, le cap à l'ouest-nord-ouest; l'équipage et les passagers pompaient sans désemparer. L'eau pénétrait par les fonds mêmes du navire. Mais les pompes gagnaient sensiblement. La machine ne fonctionnait pas encore.

« Au milieu des débris du pont on trouva un Annamite mutilé, qui mourut peu de temps après. Ce fut notre unique victime. Il était réfugié dans la chaloupe au moment où elle avait été brisée. A 4 heures du matin, le baromètre était à 754 millimètres. On entreprit le déblayage du pont qui n'était qu'un fouillis de débris. »

On le voit, les courants aériens et marins ont de terribles quarts d'heure; mais si tout procédait avec un calme parfait, sur la sphère, l'homme, trop mollement bercé, n'aurait pas l'énergie, l'élan, le courage qui élèvent si haut son intelligence et son cœur et tendent à le rapprocher du créateur suprême.

D'ailleurs, les météores, si durs au roi de la création, ont leur utilité dans l'harmonie générale : ils rétablissent l'équilibre astronomique du globe, contre-balancent l'effet de la déviation des alizés qui pourrait, si elle n'était corrigée, retarder la rotation de la terre, et agissant dans l'atmosphère comme des gendarmes cruels, mettent à la raison les perturbateurs du repos public, les anarchistes, en les chargeant, en les sabrant impitoyablement, et sans s'inquiéter s'ils frappent des innocents avec les coupables.

Il faut donc les subir comme un mal nécessaire.

III

AGITATION DE LA MER

Mobilité de la mer. — L'atmosphère et le flot. — Les vagues. — Leur hauteur. — Jusqu'à quelle profondeur se fait sentir leur action. — Vagues de translation. — Raz de marée. — Superstition des nègres de Guinée. — Les marées. — Impression d'une brave femme. — Théorie des marées. — Marées de syzygies. — La lune et le soleil. — Durée des marées. — L'étale au Havre. — Inégalité des marées. — La baie de Saint-Michel. — Marées des mers intérieures. — Mascaret. — Pororoca. — La barre du Gange. — L'homme et les manifestations de la nature.

Même lorsqu'elle semble dormir, la mer n'est jamais immobile; même lorsqu'aucune brise ne la ride, la mer a des ondulations qui se succèdent sans interruption et vont s'éteindre mollement sur le rivage; mais dès que le vent souffle, que la marée monte ou que des perturbations ont lieu sur un point quelconque de son étendue, la grande agitée frémit, écume, devient houleuse, bouillonne, a des lames courtes ou amples et des vagues.

Ces mouvements variés et variables, qui constituent les phénomènes les plus intéressants et les plus imposants de la surface marine, sont sous la dépendance des fluctuations atmosphériques.

A part quelques exceptions : les raz de marée, les

mascarets et la forme particulière de certaines côtes, de certains bassins, la puissance des vagues dépend de la vigueur des vents.

L'atmosphère a le calme, la faible brise, la petite brise, la jolie brise, la bonne brise, la forte brise, le grand frais, la tempête, l'ouragan ; l'eau a des oscillations correspondantes : la mer unie, la belle mer, la petite houle, la houle, la grande houle, la très grande houle, la grosse mer, la très grosse mer, la mer démontée.

Quand les vents durent, les rides de l'eau sont uniformes en vitesse et en hauteur ; quand les vents changent sous l'attraction des courants d'appel, les rides de l'eau changent également de direction, plus lentement, à cause de la force d'impulsion et de la force de résistance de l'élément liquide, et l'on a alors le spectacle de lames, de vagues de différente élévation, marchant en sens contraire, se heurtant, s'entre-croisant, se poursuivant, reproduisant tous les mouvements de l'air.

Ces mouvements sont si actifs parfois, et les plissements de l'eau qui en résultent si contraires, qu'il devient impossible de savoir quel souffle a formé telles ou telles rides, et que les navires, secoués, ballottés, roulés, n'ont plus d'allure régulière.

La hauteur, l'amplitude et la vélocité des vagues sont en raison de l'étendue et de la profondeur des mers.

Moins les vents ont de prise sur l'eau, plus les vagues sont courtes, basses et lourdes dans leurs évolutions.

Les flots de nos mers intérieures diffèrent notablement des flots de l'Atlantique, et l'endroit du globe où l'on a mesuré les vagues les plus gigantesques et les plus rapides est l'océan Antarctique, au delà du cap de Bonne-Espérance et du cap Horn. Dans ces parages, Dumont d'Urville a vu des vagues de 15, de 18, de 33 mètres et ayant une vitesse de 78,000 mètres à l'heure, véritables chaînes de montagnes liquides et mobiles, dans les vallées desquelles son vaisseau était comme perdu. Sur la Méditerranée, les vagues de tempête ne dépassent pas 5 mètres d'altitude et ne se meuvent qu'avec une lenteur relative.

Les vagues étant animées d'un mouvement horizontal de translation et d'un mouvement vertical d'élévation, montent très haut quand elles s'engouffrent dans des passes resserrées ou quand elles se buttent contre des fonds de sable ou de galets, des falaises ou des rochers isolés. Dans ce cas elles gagnent en altitude ce qu'elles perdent en amplitude, et grimpant les unes sur les autres en écumant et en mugissant, arrivent à former, durant les ouragans, des lignes bouillonnantes qu'on a comparées à des chevaux en fureur, et dont les gerbes blanches peuvent s'élever à plus de 100 mètres, une fois et demi la hauteur des tours de Notre-Dame de Paris, laquelle est de 68 mètres ! Ce sont là des cas exceptionnels qui n'infirment pas la théorie générale posée ci-dessus.

Pendant longtemps on a cru que les troubles superficiels de la mer ne se faisaient sentir qu'à une faible profondeur, 20 mètres au plus ; les observations des marins contemporains ont détruit cette croyance, et l'on sait désormais que pendant les cyclones l'eau est remuée à 200 mètres au-dessous du niveau marin. M. Wêber pose même ce principe : que toute vague propage verticalement au-dessous d'elle son action, jusqu'à 350 fois sa hauteur. Seulement, cette action décroissant au fur et à mesure qu'elle descend perd beaucoup de sa force à partir de la profondeur que nous venons d'indiquer.

A côté des flots ordinaires, il est des flots extraordinaires aussi dévastateurs que les météores des tropiques, et qu'on nomme vagues de translation et raz de marée.

Les vagues de translation naissent des tremblements de terre qui exhaussent et bouleversent les eaux, et leur impriment une locomotion telle qu'en quelques heures elles traversent l'océan. Elles ont de 15 à 25 mètres de hauteur.

Des savants estiment que le point de départ des tremblements de terre, pères de ces vagues, est l'expansion de la vapeur d'eau provenant de l'irruption de la mer à l'intérieur d'un volcan, et le *Sind Gazette Bulletin* publiait, à ce propos, cette nouvelle en 1883 : « Un navire à vapeur, le *Siam*, allant de King-George's Sound à Colombo et passant, le 1er avril, par la latitude de 6° sud et la longitude de 87° est, a traversé un banc flottant de laves, qui s'étendait à perte de vue, sur cent yards de largeur et qu'il mit quatre heures à doubler, le navire filant 11 nœuds (1). La terre la plus voisine était Sumatra: mais le courant portait vers l'est avec une vitesse de 15 à 30 milles par jour. On

(1) Le yard est une mesure anglaise valant 0m,91. Le nœud est, en longueur, la 120e partie du mille marin ; par conséquent, il vaut 15m,432. En temps, il est la 120e partie de l'heure, soit 30 secondes. De là, autant de nœuds filés en une demi-minute, autant de milles parcourus en une heure. *Filer* 8 *nœuds* ne signifie donc pas qu'on fait 8 fois 15m,43 par heure; cela veut dire qu'on a une vitesse de 8 milles, de 8 fois 1852 mètres à l'heure.

pense que ces laves provenaient d'un foyer volcanique sous-marin du voisinage. Il existait, en effet, en 1879, un volcan dans ces parages, où la sonde donne un fond de 2,000 brasses (1), et des vagues de translation avaient inondé, en mars, la côte occidentale de Sumatra. »

Les raz de marée sont des flots de fond venant de loin, et qui, tout à coup, par les temps les plus calmes, surgissent de l'océan pour déferler sur les plages. Il semble établi qu'ils proviennent, ainsi que les mers houleuses que les bâtiments rencontrent au milieu d'une accalmie, des cyclones dont les vagues sous-marines se propagent vers les continents où elles soulèvent les eaux.

Nègre de Guinée.

Les raz de marée succèdent aux météores à de courts intervalles et exercent leurs ravages souvent à mille lieues du point où ceux-ci ont éclaté. Ils s'élèvent, à l'instar des vagues de translation, à plusieurs mètres au-dessus des plus hautes marées, et détruisent tout ce qu'ils rencontrent.

Les plus redoutés sont ceux qui balayent les côtes de l'Asie méridionale, des îles de l'Inde et de l'Afrique occidentale et intertropicale. Ces derniers proviennent des cyclones des Antilles.

(1) La brasse, mesure de longueur usitée dans la marine, vaut cinq pieds ou 1m,624.

Les nègres du littoral de la Guinée en ont une peur superstitieuse et leur offrent des sacrifices.

Un voyageur rapporte qu'après un phénomène de ce genre, se trouvant empêché de débarquer par suite de l'agitation des flots, le roi du pays, cela se passait dans le golfe de Bénin, lui envoya dire par un messager qui gagna son navire sur une frêle pirogue, qu'il ne s'impatientât pas, Sa Majesté se proposant d'apaiser la mer le lendemain. Effectivement, à l'heure fixée, le roi envoya son grand féticheur au bord de l'océan avec une escorte chargée d'une cruche pleine d'huile de palme, d'un sac de sorgho, d'une jarre de bière, d'une bouteille d'eau-de-vie, d'une pièce de calicot imprimé et de divers autres présents indigènes ou étrangers. Arrivé sur la plage, le féticheur assura solennellement la mer que le roi était son ami et aimait les blancs, qui apportaient de riches cadeaux, la supplia de ne pas empêcher, en se fâchant, de si honnêtes gens de débarquer leurs marchandises, et conclut en lui disant, avec force compliments, que pensant qu'elle avait soif et faim et envie de se parer, Sa Majesté la priait d'accepter l'huile de palme, la bière, le sorgho, l'eau-de-vie, etc. Ce discours terminé, le féticheur jeta dans l'eau toute l'offrande. Le météore étant passé, cette conjuration fut considérée comme efficace.

Parmi les facteurs les plus actifs des mouvements de l'océan, il convient de citer les marées, dont les causes doivent aussi être cherchées au-dessus de nous.

Un jour, nous trouvant à Calais où nous avions conduit, par un train de plaisir, une brave femme qui, née aux environs de Fontainebleau, n'avait jamais fait de plus long trajet que celui de son village à Paris, nous eûmes l'occasion de constater l'impression que la vue de la mer et le va-et-vient des eaux marines produisent sur les esprits simples qui ne les connaissaient pas auparavant. D'abord, notre paysanne resta stupéfiée ; puis, le premier moment d'émotion passé, les étonnements se succédèrent. « Comment, s'écria-t-elle en regardant les navires couchés sur la vase du bassin du port, ces bâtiments sont-ils entrés là, et comment pourront-ils en sortir? — Ils en sortiront très facilement, lui répondîmes-nous, lorsque la marée qui, dans quelques heures, recouvrira l'étendue de sable que le regard embrasse de l'extrémité de la jetée, aura de nouveau rempli le port. » Elle osait à peine ajouter foi à nos paroles, et s'installa sur la plage pour assister au miracle que nous lui annoncions.

Quand la mer fut dans son plein, elle demeura confondue et pensive et écouta à peine les explications que nous lui donnâmes.

Le phénomène qui s'accomplissait devant elle l'absorbait, et elle nous avoua plus tard qu'elle n'avait pas éprouvé, dans sa vie, d'émotion comparable à celle que lui rappelait son voyage à Calais.

Les marées, par lesquelles le niveau des eaux est alternativement élevé et abaissé toutes les six heures, ou à peu près, quatre fois en un jour lunaire, en vingt-quatre heures cinquante minutes, dans les mers ouvertes, sont dues à l'attraction exercée d'une façon inégale par la lune et par le soleil sur les parties liquides de la sphère qui, n'ayant ni la cohésion ni la force de résistance des parties solides, cèdent à notre principal satellite et à l'astre central. La rotation de la terre ajoute aux effets de l'attraction qui se manifestent de chaque côté de la planète, par une cause inverse, les eaux devant se renfler en une vague correspondante. D'après ce principe, la lune et le soleil restant toujours, dans leurs évolutions, au zénith des régions tropicales de la terre, l'attraction est nécessairement plus forte dans ces régions que partout ailleurs ; c'est pourquoi les marées sont si faibles aux pôles où l'attraction se fait peu sentir.

Quand le soleil et la lune se trouvent placés sur une même ligne relativement à notre sphère, c'est-à-dire à la nouvelle lune, l'attraction combinée du soleil et de la lune donne de hautes marées. Il en est de même quand la lune et le soleil sont directement opposés, à la pleine lune. Alors, le globe se gonfle plus que d'habitude, de chaque côté de l'astre qui lui fait face, comme s'il était en caoutchouc et que deux puissantes mains l'allongeassent.

Lorsque la lune est aux quartiers, le soleil au lieu d'aider, combattant notre satellite, tirant à hue quand celui-ci tire à dia, les marées sont moindres.

On a ainsi les marées de syzygies ou de nouvelle lune et de pleine lune, et les marées de quadratures, ou des quartiers de lune.

Lorsque le soleil, passant à l'équateur, au printemps et en automne, rend les jours égaux aux nuits dans tous les pays du monde, aux équinoxes, les marées de nouvelle lune et de pleine lune atteignent une hauteur exceptionnelle.

Les marées de syzygies sont dites : *malines, reverdies, vives eaux, grandes marées ;* les marées de quadratures prennent les noms de *mortes eaux*, *eaux bâtardes*, et *petites marées*.

Les marées varient incessamment parce qu'elles sont liées aux évolutions des astres qui attirent notre planète, et que tout changement dans la position de ceux-ci se manifeste chez nous par une modification du niveau des eaux.

On pourrait s'étonner que la lune, qui n'est qu'une

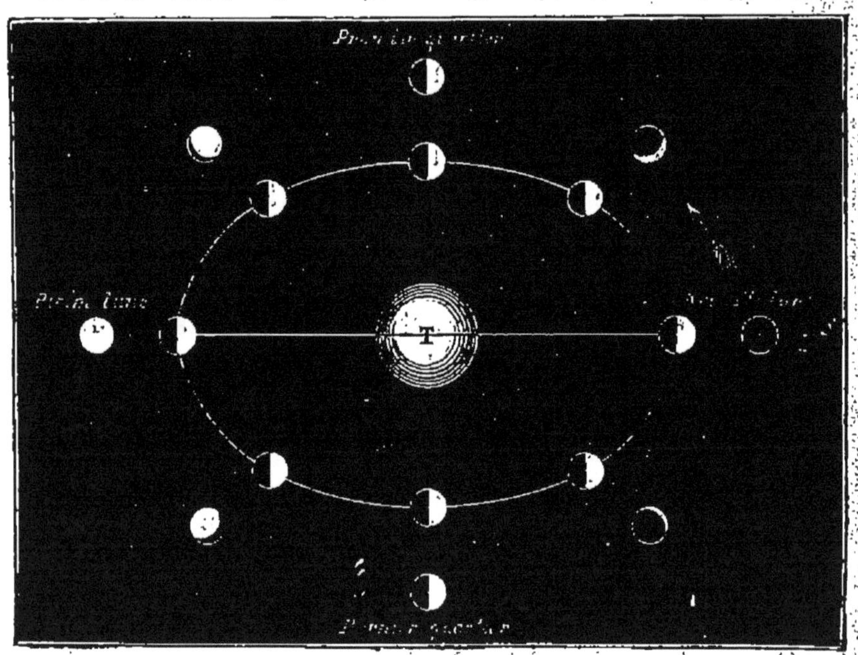

Phases de la lune.

molécule dans le système cosmique auquel nous appartenons, puisqu'il faudrait 62,400,000 globes de sa dimension pour remplir la boule solaire, et que comme volume elle ne représente que la quarante-neuvième partie du monde, on pourrait s'étonner que a lune ait sur l'océan une puissance attractive réelle capable de balancer et de surpasser celle du soleil; mais lorsqu'on réfléchit que notre satellite est relativement à peu de distance de nous : 397,337 kilom.,

La lune.

environ 100,000 lieues à l'apogée, et 88,780 lieues au périgée, et que 37 millions de lieues nous séparent du soleil, on comprend que ce dernier, qui est cependant 1,279,000 fois plus gros que la terre, ne soulève pas, en dépit de ses proportions colossales, un volume d'eau dépassant celui que la lune attire.

Attraction, qu'on y songe, ne signifie point aspiration.

Sur le terrain de l'aspiration, la supériorité du soleil est entière, car tandis que la lune est incapable de diriger une seule goutte d'eau vers son gosier froid, le soleil pompe avec tant d'activité les flots de nos océans que si l'atmosphère n'intervenait en arrêtant au passage ces flots transformés en vapeurs humides, pour nous les distribuer en pluies, notre globe serait vite plus sec que le cœur d'un avare ou d'un égoïste.

Il s'écoule, en moyenne, douze heures vingt-cinq minutes entre deux hautes mers consécutives. Quand la marée monte, c'est le *flot* ou le *flux*, le *montant* ou la *marée montante ;* quand elle redescend, c'est le *reflux*, l'*èbe* ou *ebbe*, le *jusant* ou *perdant*, la *marée descendante*, et la mer est *étale* lorsqu'elle est dans son plein et momentanément stationnaire en apparence.

La durée de l'étale est de quelques minutes ; toutefois, ce n'est pas là une règle rigoureuse. Le Havre conserve la pleine mer pendant trois heures, ce qui est un avantage inappréciable pour lui, puisque cela permet à quantité de navires d'entrer dans son port ou d'en sortir pendant la même marée. Il doit cette source de prospérité à sa position au fond d'une baie où le flot, par suite de la forme des côtes voisines, est temporairement emprisonné et d'où il ne peut sortir que quand le mouvement de baisse est déjà prononcé au large.

Cet exemple prouve que les circonstances locale influent sur les marées.

Entrée du port du Havre (le Sémaphore).

Les inégalités du flot deviennent considérables lorsque les courants et les vents se mettent de la partie.

Dans les vastes mers, où rien n'entrave le mouvement régulier des eaux, les marées sont petites; au contraire, dans les mers resserrées où des obstacles rompent le cours des oscillations marines, les marées sont grandes.

La Manche, le canal d'Irlande, la baie de Fundy, entre la Nouvelle-Ecosse et le Nouveau-Brunswick, la Terre de Feu, les golfes du Bengale et d'Oman, la mer de la Chine sont les parages où l'on remarque les plus hautes marées.

Dans le canal de Bristol, le flot monte jusqu'à 14 mètres; dans la baie française du mont Saint-Michel, jusqu'à 15 mètres, dans le détroit de Magellan, jusqu'à 20 mètres, et dans la baie de Fundy, jusqu'à 24 mètres.

Par contre, il ne dépasse pas 1 mètre à Rio-Janeiro.

Le point de nos côtes où la marée montante offre le spectacle le plus émouvant est la baie du mont Saint-Michel au fond de laquelle se dresse, sur un rocher granitique ballonné haut de 50 mètres et de 900 mètres de circuit, la vieille abbaye devenue maison centrale et prison politique après la révolution, et où, le 1er août 1469, Louis XI institua l'ordre de Saint-Michel qui fut, pendant trois siècles, la toison d'or de la monarchie française. Là, quand la mer est basse, les sables s'étendent sur une superficie de 250 kilomètres carrés. Ce n'est plus l'Océan, c'est le Sahara. Mais vienne le flot de syzygie, et un milliard 345 millions de mètres cubes d'eau recouvriront cette plage mouvante, large de 10 kilomètres, et les voiliers flotteront à l'endroit où six heures auparavant passaient les piétons et roulaient péniblement les carrioles.

Les mers intérieures ont des marées très petites ou

Louis XI.

même insensibles, suivant leur position. A l'abri de l'action de l'onde océanique, et de l'influence luni-solaire qui n'a pas, dans leurs bassins exigus, d'arène assez large, se faisant sentir faiblement sur leur surface, elles ne présentent aucune des curiosités que nous venons d'indiquer.

On a eu l'idée d'utiliser, au profit de l'industrie, la force mécanique du flux et du reflux, mais on n'a pas encore dépassé les tâtonnements sur cette question difficile à résoudre pratiquement.

En entrant dans les estuaires des fleuves, poussé par son impulsion naturelle, le flux se gonfle en une sorte de raz de marée, se cabre sous l'effort du courant contraire, et bondissant par dessus tous les obstacles, s'avance tumultueusement pour s'abattre quand sa force est épuisée.

Ce phénomène, qu'on signale à l'embouchure des cours d'eau des mers où la marée a quelque importance et auquel le peu de profondeur du fond et la violence du vent contribuent à donner des proportions et un aspect saisissants, est appelé communément *barre*, car ce n'est qu'une barre d'eau refoulée. On le nomme, en France, *mascaret;* dans l'Hindoustan, *bore;* et dans l'Amérique méridionale, à l'entrée de l'Amazone, *pororoca*, nom évidemment onomatopéique.

C'est aux syzygies et aux équinoxes, pendant les grandes marées, si la tempête souffle du large et le favorise, que le mascaret se montre dans toute son horrible splendeur. Pareil à un serpent gigantesque, le flot entre dans l'estuaire avec une vitesse de 7 à 8 mètres par seconde, engage une lutte avec la nappe d'eau qui descend du fleuve, terrasse celle-ci, roule sur elle comme une avalanche, et va mourir en frémissant de ses propres excès, à une distance plus ou moins longue, en amont de la baie, qu'il a envahie.

Les mascarets de la Seine sont très curieux et attirent invariablement la foule à Caudebec, où ils atteignent leur apogée; les mascarets les plus formidables sont ceux du Gange et de l'Amazone.

Nous relevons dans la mythologie hindoue cette légende sur le *bore* du Gange.

Bagharata ayant épousé, au milieu des neiges des monts Himalaya, la divine Ganga, la prit dans ses bras, et montant sur un char traça avec les roues de celui-ci le lit de la déesse. Près du rivage marin, Ganga, effrayée à la vue de l'impur et monstrueux océan, se recula et s'enfuit par cent canaux. Depuis cette époque, elle va et vient, tantôt se hasardant à redescendre vers la mer, tantôt se sauvant à nouveau vers les montagnes.

Mais quelle image symbolique donnerait une idée du *pororoca* de l'Amazone ?

Quand l'Atlantique, sous la forme de mascaret, s'élance à la rencontre du prince des fleuves de la planète, quand, dans un estuaire de près de 200 kilomètres de largeur, les deux Titans se heurtent, l'ébranlement qui en résulte est tel que tout tremble aux alentours. Si l'ouragan l'aide, l'océan se dresse, blanc d'écume, effrayant d'aspect, avec des mugissements qu'on entend sur le continent, à plusieurs lieues de distance du rivage, et passant sur le corps du géant terrassé, roule, irrésistible, en avant, jusqu'à ce que le fleuve, retrouvant sa force et son empire, l'écrase à son tour et le chasse meurtri et haletant dans ses profondeurs marines.

L'homme est anéanti devant ces manifestations grandioses de la nature!

Mascaret à Caudebec.

IV

ACTION ÉROSIVE DE LA MER

La sape des flots. — La pointe du raz. — L'enfer de Plogoff. — Les naufrageurs. — Les côtes de Bretagne avant César. — La ville d'Is. — La baie de Douarnenez. — Érosion de la Normandie et de l'Angleterre. — L'ancien village de Sainte-Adresse. — Travail annuel de la Manche contre les rochers. — Helgoland. — L'île du Moine. — Le phare d'Eddystone. — Les Pays-Bas. — Terribles inondations depuis le sixième siècle. — Comment la mer s'y prend pour détruire les rivages. — Sables et galets. — Les dépôts alluvionnaires. — Le delta du Rhône. — La Camargue. — Le delta de l'Aude. — Les landes. — Brémontier. — Les pins maritimes protecteurs du Bordelais. — Les sables mouvants. — L'enlizement. – Mort affreuse d'un faussaire. — L'Enfant-Perdu.

Les courants, les vagues, les marées, les raz de marée, les mascarets, ont une action destructive continue sur les continents qu'ils mordent et rongent, dont ils modifient sans cesse la forme, et auxquels ils font fréquemment, avec l'aide de la tempête, des brèches par lesquelles ils précipitent des masses diluviennes dévastatrives.

On peut voir, le long de nos côtes de l'ouest, la mer à l'œuvre contre la terre, et ce dont sa rage opiniâtre et sa force sont capables.

Sur le littoral du département du Finistère, son

acharnement est inouï. Là, elle mine, elle sape, elle frappe sans relâche, ne se fatiguant, ne se lassant, ne s'arrêtant jamais.

Du sommet de la pointe du Raz, promontoire de granit d'où l'œil embrasse un panorama sublime, ses colères donnent le vertige. Pendant la tempête, elle bat si frénétiquement et si puissamment la côte, que celle-ci tremble et paraît à chaque instant près de s'écrouler; elle livre de tels assauts aux rochers, que les gerbes de son ressac (1) s'élèvent dans l'espace comme des flèches de cathédrales et baignent la falaise, qui pourtant a 80 mètres de hauteur. Au pied du cap, elle a creusé, dans la pierre, un gouffre plus redoutable que ne le sont les tourbillons de Charybde et de Scylla dans le détroit de Messine et du fameux Malstroëm de Norwège, et qu'on nomme l'enfer de Plogoff. Malheur aux pêcheurs qui se hasardent dans ces parages quand le grain menace à l'horizon; malheur aux bâtiments que le courant pousse vers le bec du Raz quand l'orage se déchaîne: ils sont infailliblement, selon la croyance populaire, crochés par le diable. Aussi les matelots finistériens répètent-ils « que nul n'a passé le Raz sans mal ou sans frayeur », et ont-ils cette prière: « Secourez-moi, grand Dieu! dans le passage du Raz, car mon navire est petit et la mer est grande. »

A la droite du Raz est une anse nommée la baie des

(1) Quand la mer bat une falaise ou un écueil et que ses vagues, repoussées par l'obstacle qu'elles ont rencontré, retournent tumultueusement sur elles-mêmes, c'est le ressac. Ce double mouvement fait un fracas épouvantable, forme des montagnes d'eau qui s'affaissent avec un bruit sinistre, et produit des remous très dangereux.

Trépassés où échouent les débris des barques perdues. Jadis, une population féroce et pillarde vivait à cette extrémité sauvage, désolée et dépourvue de phares,

Les pirates de la pointe du Raz.

où elle partageait son temps entre la pêche et les naufrages. Durant les nuits d'hiver, au milieu des ouragans, elle attirait les navires désorientés en allumant des feux sur les points les plus périlleux de la côte ou en attachant un fanal à la tête d'une vache qu'elle promenait sur l'étroit sentier qui conduisait au promontoire.

Lorsque ses machinations réussissaient, lorsqu'un bâtiment, trompé par ses signaux perfides, s'affalait sur les écueils, elle se blottissait entre les rochers, armée de piques, de crocs, de cordes, de gaffes, suivait, d'un œil avide, les péripéties du drame qu'elle avait ourdi, et se disputait les épaves que les vagues lui apportaient, comme une bande de loups qui se seraient arraché un quartier de chair saignante.

Si un noyé, roulé par le remous, la suppliait de le sauver, au lieu de le secourir, elle l'assommait, le dépouillait, puis cachait son cadavre dans le sable.

Il advenait parfois que le gouverneur de Pont-Croix, quand il avait connaissance de sinistres aux approches du Raz, expédiait en hâte une trentaine d'hommes de la maréchaussée pour empêcher ces atrocités de s'accomplir; mais sa démonstration armée, loin d'intimider les coupables, ne servait qu'à exciter davantage ceux-ci. Au premier coup de fusil, les naufrageurs se postaient dans des endroits propices et inexpugnables et lançaient des galets aux assaillants qu'ils tuaient ou mettaient en déroute. Les femmes se distinguaient, dans ces combats, par une intrépidité forcenée.

Les bandits du Raz avaient la conviction qu'ils étaient dans leur droit en se partageant *le varech que le ciel leur envoyait* et en massacrant les naufragés.

Avant la conquête de la Gaule par César, la côte bretonne, des roches de Penmarch au goulet de Brest,

Pêcheurs de Douarnenez.

était parsemée de cités populeuses et riches ; l'île de Sein possédait un temple magnifique et des palais aux jardins fleuris qu'ombrageaient des chênes, au lieu d'être, comme aujourd'hui, une motte de terre chauve longue de 2 kilomètres et demi et large de 1 kilomètre, où végètent misérablement quelques familles de pêcheurs ; la baie de Douarnenez n'existait pas, et à l'endroit où est maintenant son entrée, de la pointe du Van au cap de la Chèvre, se dressait un port superbe et commerçant, qu'on appelait *Is* et qui, dit la tradition, surpassait à tel point les autres localités gauloises, qu'on crut célébrer Lutèce en l'appelant *Par-Is*, c'est-à-dire pareille à la ville d'Is.

La mer a déchaussé, renversé, recouvert les antiques cités de Penmarch, de la baie d'Audierne, de la baie de Douarnenez, et les pêcheurs de sardines jettent à présent leurs filets au-dessus des ruines (qu'on aperçoit sur divers points lorsque le ciel est bleu et l'eau calme et transparente) des monuments de ces cités.

Dans des temps plus reculés encore que ceux où florissait Is, les îles Britanniques étaient réunies au continent, et le détroit du Pas-de-Calais n'existait point. On en a la preuve, non seulement par les progrès de l'érosion des côtes méridionales et orientales de l'Angleterre, qui sont d'un mètre par an, et par ceux de l'érosion des côtes normandes, mais par les forêts submergées dont les pêcheurs d'huîtres amènent des fragments dans leurs dragues, et par des faits historiques incontestables.

Au huitième siècle, l'île de Jersey et les autres îles environnantes tenaient à la péninsule du Coten-

Phares de la Hève.

tin, et ce ne fut qu'en 769 qu'une marée d'une hauteur et d'une violence extraordinaires, favorisée par un affaissement du sol, les détacha de la Normandie.

Les îles Chausey et le Mont Saint-Michel, qui se trouvaient au milieu d'un bois dont les restes encombrent la vase et les sables de la côte Cotentine, furent isolés par un désastre analogue, également au huitième siècle.

Au onzième siècle, lorsqu'il s'appelait Saint-Denis-chef-de-Caux, le village de Sainte-Adresse possédait une église qui est actuellement au fond de la rade Havraise, à plus de 2 kilomètres du rivage, et les phares de la Hève, construits en 1775, sont déjà si près de la bordure de la falaise que le moment n'est pas éloigné où il faudra, sous peine de les voir s'écrouler, les démolir pour les rebâtir plus en arrière.

Le cap Gris-Nez, entamé par un courant qui va dans la mer du nord, recule de 25 centimètres par an, soit de 25 mètres par siècle.

Les *Annales des ponts et chaussées* évaluent à 10 millions de mètres cubes la masse des rochers que la Manche orientale émiette chaque année.

Dans la mer du Nord, en face de l'embouchure de l'Elbe, l'îlot anglais aride de Helgoland, qui n'a plus aujourd'hui que quelques kilomètres de superficie, était, au dixième siècle, une terre de neuf cents kilomètres carrés, « très fertile, riche en céréales, en bestiaux et en volatiles », dit Karl Müller.

A la fin d'octobre de 1885, l'île du Moine, de l'archipel des Féroë, imposante falaise de 28 à 30 mètres de hauteur, inhabitée, mais utile aux navigateurs

Hauteur des vagues au phares d'Eddystone.

auxquels elle signalait des tourbillons, et que rongeait un courant d'une extrême vivacité, s'effondra dans les abîmes de l'Atlantique.

Le phare d'Eddystone, situé en face de Plymouth, à 14 milles au large, colonne de granit de 40 mètres de hauteur, plantée dans un roc, et que les lames, durant les tempêtes, enveloppent en s'élevant jusqu'à 30 mètres au-dessus de sa lanterne, a dû être reconstruit trois fois depuis deux siècles.

Dans les Pays-Bas, le flot marin s'est montré effroyablement destructeur et meurtrier. Il est vrai qu'il a la partie belle sur cette plaine alluviale qu'aucun contrefort granitique ne protège, qui se tasse et s'affaisse graduellement, et que la mer inonderait, ravinerait et finalement emporterait si elle n'était défendue par des travaux hydrauliques, des digues, merveilles de l'industrie humaine, ayant coûté plus de huit milliards, et qui prouvent, chez leurs auteurs, autant de ténacité que de génie et de courage.

La Hollande est disputée chaque jour à l'Océan par les Hollandais, et son territoire, conquis sur l'eau, est un territoire artificiel que, dans ses jours de colère, la mer entame. Du sixième au dix-huitième siècle, l'histoire a enregistré cent quatre-vingt-dix irruptions du flot océanique, entre l'Escaut et l'Elbe.

En 1230, la Frise est inondée, et cent mille habitants périssent.

En 1277, les vagues creusent le golfe du Dollart, 35 kilomètres de longueur sur 12 de largeur, et engloutissent trente-trois bourgs ou villages.

En 1284, la mer emporte une partie de la Frise, pénètre jusqu'au lac Flevo, qui se change en golfe et devient le Zuiderzée ou mer du Sud, détruit une ville, Torum, et cinquante bourgs ou villages, et noie quatre-vingt mille individus.

En 1421, les flots s'avancent jusque dans l'intérieur du pays, au-delà de Dordrecht, y balayent soixante-douze villages, et y forment cet archipel inextricable d'îlots et de bancs de sable qu'on a nommé le *Biesbosch* (forêt de joncs).

En 1470, vingt mille âmes périssent dans la Frise.

En 1570, également vingt mille victimes dans cette même province, et neuf mille dans la province de Groningue.

En 1686, nouvelle inondation dans la Frise.

En 1717, la province de Groningue perd douze mille de ses habitants.

En 1825, une haute marée ravage la Nord-Hollande, la Frise, la Gueldre et l'Over-Yssel et y sème la désolation et la mort !

Et cependant, les Hollandais chérissent leur pays ! O amour mystérieux du sol natal !

L'action érosive de la mer est en rapport avec la forme et la position des côtes, lesquelles peuvent être plus ou moins exposées aux courants de marée et aux coups du flot venant du large, et aussi en rapport avec la nature du sol que les vagues attaquent.

Lorsque le terrain est friable, la destruction est facile ; quand la côte offre une résistance sérieuse, les moyens énergiques sont nécessaires. Voici comment la mer s'y prend pour réduire sa proie.

D'abord, elle frappe, pendant les heures de tourmente, avec un redoublement de brutalité, les murailles qui s'opposent à sa marche, s'introduit dans les moindres anfractuosités, délaye les matières argileuses ou calcaires qui soudent les rochers, déchausse, petit à petit, ceux-ci, les arrache brusquement lorsqu'ils ne tiennent plus au massif auquel ils appartiennent, les entraîne, les brise en les promenant sur la grève, de leurs fragments roulés fait des galets, et

Embrun de la mer.

munie de ces projectiles, bombarde le granit récalcitrant qui finit par céder.

C'est donc avec leur propre substance qu'elle démolit les falaises.

Le sable, dont les frottements useraient des assises de diamant, et qui provient, lui aussi, des fondations qu'elle veut raser, contribue à la réussite de son œuvre de sape.

Les matériaux qu'elle enlève à un littoral sont donnés par elle à une plage voisine, qui, d'ordinaire, n'en a nul besoin, ou servent à égaliser son fond ou à former des bancs destinés à devenir des îles. M. Élie de Beaumont évaluait à un tiers du développement total

Élie de Beaumont.

des rivages continentaux la longueur des côtes dont la configuration est due aux sables et aux galets.

La terre ferme active ce mouvement de compensation en faisant charrier, par ses fleuves, des alluvions qui empiètent à leur tour en deltas sur la mer, comme aux bouches du Rhône, du Pô, du Danube, du Nil, du Gange, du Mississipi ; mais, tout bien pesé, ce qu'elle rattrape de la sorte n'est pas l'équivalent des pertes qu'elle subit.

Si les galets amoncelés par le flot sur certains points servent quelquefois de digues protectrices à des rivages ouverts et bas, plus fréquemment ils sont une cause de dangers et de ruines, parce qu'ils constituent de véritables écueils sur lesquels les navires vont se perdre, et qu'il leur arrive d'obstruer l'entrée de ports où l'on ne peut combattre leur invasion qu'au prix de sacrifices et de travaux persistants.

Le Havre est dans ce cas. 400 mille mètres cubes de galets détachés des falaises sont poussés annuellement vers ses jetées où ils s'étagent en bancs qu'on nomme *perreys*.

Les sables, non moins mouvants que les galets, deviennent, comme ces derniers, un fléau. Il n'est donc pas juste de dire que l'océan donne à droite ce qu'il prend à gauche. Autant vaudrait prétendre qu'un individu qui, ayant volé une belle Minerve de marbre à Pierre, offre à Paul cette Minerve après l'avoir brisée en mille morceaux, fait acte méritoire. Les sables et les galets que la mer rend à la place des plateaux qu'elle emporte ne valent guère mieux que la statue brisée précitée. En revanche, les dépôts alluvionnaires des fleuves, qui pourtant ont une origine analogue à celle des galets et des sables, puisqu'ils proviennent de l'érosion, réparent, dans une large mesure, les ruines dont les eaux marines sont les auteurs.

Ces dépôts se fixent, s'affermissent, et comme ils sont fertiles, l'homme les protège et s'en empare pour en tirer profit.

C'est ainsi que la Méditerranée, qui baignait, aux époques préhistoriques, la place où le Rhône se partage en deux branches, a perdu successivement le triangle compris entre les golfes d'Aigues-Mortes et de Fos et Arles, et que là où nageaient les marsouins, les requins et les baleines, poussent la vigne, le blé et le trèfle, paissent des chevaux et des bœufs, nichent des nuées d'oiseaux et vivent des castors. Il suffit de citer le nom de la Camargue pour rappeler ces changements.

A l'ouest du delta du Rhône, l'Aude qui venue du canton de Montlouss (Pyrénées-Orientales) s'épanche au pied des Cévennes et dont les atterrissements sont, comparativement, supérieurs à ceux de notre grand fleuve méridional (elle charrie annuellement 1,700,000 mètres cubes de limon), l'Aude modifie sans discontinuité la côte au détriment de la mer et au profit de l'agriculture.

La meilleure terre d'Égypte est la terre d'alluvions du delta du Nil; la plus mauvaise terre de France est celle des Landes, triangle de 14,000 kilomètres carrés que les sables de l'Océan ont formé le long du golfe de Gascogne.

Le sol des Landes est divisé en deux grandes couches : une couche superficielle et mobile et une couche inférieure transformée en un grès compact et dur que ne traversent ni les racines, ni les eaux de pluie. Des étendues de sable à perte de vue et des marécages que des bergers de la contrée parcourent, perchés sur des échasses d'un mètre de hauteur et en s'appuyant sur un long bâton, tel est encore, dans beaucoup d'endroits, le paysage lan-

Paysans des Landes.

dais qui, autrefois, était désolé dans son ensemble.

A la fin du dix-huitième siècle, les dunes de la côte, chassées par les brises de mer et qui avaient ensablé plusieurs bourgades depuis le quinzième

Cayenne (Vue du débarcadère).

siècle, continuaient à s'avancer vers l'est avec une

vitesse moyenne de 25 mètres par an, stérilisant tout sur leur passage, et l'on calculait l'époque à laquelle Bordeaux serait recouvert par elles, lorsque Brémontier, inspecteur général des ponts-et-chaussées, né en 1738, mort en 1809, parvint à appliquer, de l'embouchure de l'Adour à celle de la Gironde, le système auquel il doit sa gloire et qui consiste à fixer les dunes mobiles au moyen des pins maritimes, lesquels s'accommodent bien du sable humide de la mer. Ce système a réussi, et aujourd'hui, des forêts d'une superficie de 90,000 hectares bordent le littoral des Landes et ont donné à cette région, si longtemps désolée et pauvre, la sécurité et la richesse. Par exemple, il ne faudrait pas déboiser les dunes immobilisées, car on verrait celles-ci repartir à la conquête des départements de la Gironde et des Landes. Nous avons la confiance qu'on respectera, qu'on entretiendra et qu'on augmentera leurs hautes futaies protectrices.

La fixation des dunes exhaussées par les vents était facile, l'expérience l'a démontré ; celle des sables que la mer remue à chaque marée est jusqu'à présent impossible.

Ces sables, qui ont fait partie de massifs granitiques ou de campagnes plantureuses, et dont le sort est de devenir landes, nuisent également, là où ils existent, à la navigation et à la pêche.

Lorsque le flot de marée se retire et que la mer les laisse à découvert, les ruisseaux de la côte qui serpentent souterrainement à travers leurs entassements forment, concurremment avec l'eau salée que des circonstances fortuites ont retenue prisonnière dans les dessous de la grève mouvante, des lizes, sortes de

...ques de vase molle où le voyageur inexpérimenté ...isque de périr par enlizement.

Phare de l'Enfant-Perdu, à Cayenne.

Nous nous rappelons, ici, une histoire dramatique.

En 1861, la police, après de longues recherches, arrêta un fabricant de faux billets de banque appelé Giraud de Gâtebourse, un nom prédestiné, que la cour d'assises de la Seine condamna, l'année suivante, aux travaux forcés à perpétuité.

Transporté à Cayenne et peu satisfait de la vie qu'il y menait, Gâtebourse projeta de gagner les possessions hollandaises, et parvint à s'évader en compagnie d'un assassin que la guillotine devait faucher plus tard. Par malheur pour lui, il s'égara, perdit son compagnon, et en errant sur la plage, s'enfonça dans une lize d'où il ne put sortir, et où il mourut dévoré par les crabes. On le retrouva à l'état de squelette.

Les vases dont les parages guyanais sont encombrés ont nécessité la création d'amers réclamés par la marine de commerce et la marine de guerre. L'écueil de l'*Enfant-Perdu*, haut de quelques mètres et que mouillent incessamment les embruns des lames, a reçu, pour sa part, en 1863, un phare pittoresque à charpente de fer qui est un excellent relèvement pour atterrir et entrer de nuit à Cayenne.

V

PROFONDEUR, COULEUR ET SALINITÉ DE LA MER

Le relief sous-marin. — Abîmes de l'Atlantique et du Pacifique. — Le lit océanique entre l'Irlande et Terre-Neuve. — Profondeur moyenne de l'Océan. — Profondeur de la Méditerranée, de la Baltique, de la mer du Nord, du Pas-de-Calais. — Travail volcanique. — Deux curieux incidents. — Rôle des alluvions au fond de la mer. — Le Pô. — Le niveau de l'Océan. — Couleur des eaux marines. — Le golfe Arabique. — L'eau de mer et l'eau douce des lacs. — La grotte d'azur. — La grotte verte. — La lumière dans l'eau. — Composition de l'eau de mer. — Les métaux que contient cette eau. — Les naufrages. — Une mine d'argent. — Salinité des eaux marines. — Une montagne de sel. — L'eau de mer plus lourde que l'eau douce. — D'où vient le sel.

La profondeur extrême de la mer n'est pas connue; en dépit d'essais coûteux, la bathymétrie n'a donné, jusqu'à présent, que des résultats insuffisants, les sondes cessant de fournir des indications précises au delà de 9 kilomètres, et ce n'est qu'approximativement qu'on a dressé le relief sous-marin.

D'après les renseignements recueillis, on sait cependant que ce relief ressemble au relief continental, qu'il a des plaines, des plateaux, des vallées, des collines, des montagnes, des pics, des aiguilles, des gouffres, et présente toutes les inégalités que nous remarquons sur la terre ferme.

Là, le long des côtes sableuses, la profondeur est de 5 mètres; un peu plus loin de 10, puis de 50, de 100, de 200, de 500, de 1,000, etc.

La partie la plus creuse de la mer, trouvée d'une façon authentique, est près du Japon, au bord du Kuro-Sivo, à 8,573 mètres au-dessous du niveau marin.

Mais il est certain que l'océan a d'autres abîmes, particulièrement dans l'hémisphère austral, car le capitaine anglais Denham a fait descendre la sonde, entre le Brésil et le cap de Bonne-Espérance, à 14,020 mètres, et l'Américain Parker à 15,900 mètres, dans les mêmes parages.

Seulement, comme les appareils de sondage, que les contre-courants font dévier, transmettent des mesures imparfaites lorsqu'ils subissent une forte pression, on ne peut guère, en l'état actuel de la science bathymétrique, avoir une confiance entière en eux, passé 9,000 mètres.

Il n'en reste pas moins acquis que la mer a des profondeurs plus considérables que celles mesurées exactement sur la lisière du Kuro-Sivo.

La pose des câbles télégraphiques sous-marins a notablement contribué à faire connaître le relief du lit océanique.

De la pointe de l'Irlande à Terre-Neuve, le fond de l'Atlantique est d'abord à 150 mètres; ensuite, il descend à 750, à 1,000, à 3,750, à 4,389, à 3,900, à 4,433, à 2,200, et à 605 mètres.

Des côtes de l'Europe à celles de l'Amérique du

Nord, la profondeur moyenne de l'eau peut être évaluée à 3,500 mètres.

A l'est des Bermudes, et s'étendant vers le tropique

John Herschell.

du Cancer, existe une dépression où les sondages ont accusé des creux de 7,000 à 7,500 mètres.

Le Pacifique est, en général, plus profond que l'Atlantique; l'océan Indien également; quant aux régions polaires, elles ne diffèrent pas sensiblement du reste du bassin auquel elles appartiennent ; les grandes profondeurs y varient entre 3,000 et 5,000 mètres.

L'ensemble des renseignements sur l'épaisseur de la mer dans l'hémisphère boréal et dans l'hémisphère austral donne, pour toutes les eaux marines, une profondeur moyenne de 4,000 mètres, une lieue. John Herschell prétend que cette profondeur est de 6,436 mètres.

Les mers les moins creuses sont les mers intérieures.

La Méditerranée est la plus profonde de ces nappes marines, car sur divers points, spécialement au nord des Syrtes, son lit s'enfonce à 4,000 mètres.

Pour les autres, elles seraient à sec si l'océan baissait de 1,000 mètres.

La Baltique disparaîtrait à moins.

La mer du Nord et la Manche sont aussi très basses.

Le Pas-de-Calais a 55 mètres de profondeur, sur une petite étendue, à mi-chemin entre Douvres et le cap Gris-Nez. Ailleurs, on trouve son fond à 10 mètres, à 30 mètres et à 40 mètres. La mer d'Azov n'a que 10 mètres de profondeur moyenne.

Le relief sous-marin se modifie comme le relief terrestre : les alluvions entraînées par les fleuves, les pierres et les sables transportés par les glaces flottantes polaires, l'érosion des côtes par les vagues de marées, les tremblements de terre, qui soulèvent la croûte du globe, les squelettes des poissons et les coquilles des mollusques qui s'entassent par milliards de milliards au fond de l'eau, les zoophytes, qui bâtissent avec tant d'activité dans les zones lhaudes, modifient d'une manière constante le sol sur lequel repose l'Océan.

Venise et sa lagune.

En 1883, à la suite du tremblement de terre de Java, qui fit de si nombreuses victimes, seize nouvelles îles volcaniques surgirent dans la mer de la Sonde. Par contre, l'île Krakatoa, point de départ de l'éruption et dont le volcan s'était aplati, s'effondra, d'où naturellement un changement dans le relief du lit du détroit de la Sonde.

Le travail volcanique sous-marin, en abaissant ou en élevant, sur certains points, la croûte de la sphère, a donné lieu à de curieux incidents. Nous en citerons deux assez drôles.

En juillet 1831, une île, produite par un volcan, émergea de la Méditerranée, entre la Sicile, l'île de Pantellaria et le banc de Skerki, près du banc de Nerita. Elle avait 700 mètres de circonférence et 70 mètres de hauteur. Les Anglais l'appelèrent *Graham*, les Siciliens *Fernanda*, les Français *Julia*, et le roi de Naples, Ferdinand II, craignant que les Anglais ou les Français ne s'en emparassent, s'empressa d'y envoyer une escadrille pour en prendre solennellement possession. Hélas! fâcheux contre-temps, l'île éphémère disparut à ce moment, et les corvettes de guerre des Deux-Siciles ne trouvèrent plus, à la place qu'elle avait occupée, que la mer unie et déserte! Si l'on chansonna Sa Majesté napolitaine, point n'est besoin de le dire.

En 1876, un capitaliste tasmanien ayant obtenu du gouvernement de l'Australie occidentale l'autorisation de tirer du guano des îles Barker, acheta trois navires et un matériel d'usine, et engagea une armée d'ouvriers pour commencer son exploitation; arrivé à destination, il chercha vainement ses îles qui s'étaient affaissées un mois auparavant et dont il ne restait aucune trace. Les Australiens s'amusèrent bruyamment de sa déconvenue.

Les pentes douces du fond des mers sont le long des côtes les plus exposées à l'action du flot et près des embouchures des cours d'eau limoneux.

Pour citer un exemple topique du rôle des dépôts alluvionnaires dans la modification du lit marin, nous dirons que le Pô, le plus actif des fleuves travailleurs du bassin de la Méditerranée après le Danube, aura formé, dans mille ans, si la masse alluviale qu'il transporte annuellement ne diminue pas, une péninsule de 10 kilomètres de largeur qui ira rejoindre la pointe de l'Istrie et raccourcira l'Adriatique, dont l'extrémité septentrionale ne sera plus qu'un lac de peu d'importance.

Alors, adieu Trieste et Venise ports de mer !

Souhaitons, pour l'avenir de ces deux villes, que les progrès du delta du Pô se ralentissent.

Ils sont actuellement de 70 mètres par an, et représentent plus de 100 millions de mètres cubes de matières terreuses.

La différence de niveau des mers, jadis admise, est maintenant contestée. Sans doute, la configuration des côtes, la hauteur des marées, la violence des vents, renflent temporairement l'océan sur certains points de la sphère; mais cet accident local ne prouve rien en faveur de la théorie qui plaçait la Méditerranée en contre-bas de la mer Rouge et dotait le Pacifique d'une taille supérieure à celle de l'Atlantique. La vérité, c'est que, sauf les exceptions sus-mentionnées, le niveau de l'océan est le même partout. C'est donc à bon droit qu'on a choisi ce niveau comme base de la mesure des altitudes terrestres.

La couleur des eaux marines, quant à ses causes, a été et reste l'objet d'études intéressantes dont on n'est pas près de voir la fin.

Néanmoins, on sait que l'eau, qui réfléchit la lumière et se laisse pénétrer fort avant par les rayons solaires, reproduit les tableaux variés du ciel, les teintes azurées de l'atmosphère, et semble avoir la couleur des plantes, des animaux qui l'encombrent, des matières qu'elle tient en suspension et de la nature du fond sur lequel elle repose.

C'est ainsi qu'on a, en géographie : la mer Blanche, la mer Noire, la mer Jaune, la mer Vermeille, la mer Rouge, dont les eaux ne sont ni blanches, ni noires, ni vermeilles, ni rouges, mais paraissent telles, de temps à autre, lorsque le soleil éclaire les sables, les cailloux, les roches qui sont au-dessous d'elles, ou que les alluvions, les algues, les poissons, les infusoires, les polypes les troublent.

D'après des commentateurs, le golfe Arabique devrait son appellation à une algue microscopique rougeâtre : le *trichodesmium erythræum*, pâture des lamantins et des tortues, et non à la couleur de son eau qui est d'un bleu intense ; d'autres prétendent qu'il tire son surnom de la chaleur qu'on éprouve entre ses côtes ; quelques-uns, enfin, font dériver ce surnom des *Pounts*, hommes *rouges* qui s'établirent sur ses rivages et dont les descendants émigrés au nord devinrent les Phéniciens; la mer Jaune tient sa qualification des alluvions du fleuve Jaune, etc.

L'eau marine est incolore, comme l'eau douce, et comme celle-ci, et par les mêmes causes, prend une teinte verte ou une teinte azurée.

Vue de Genève.

Quand on a contemplé les nappes si pures et pourtant si bleues des lacs du nord de l'Italie et des lacs suisses et qu'on a regardé l'eau verdâtre de nos fleuves les plus clairs, on ne peut accepter l'opinion d'après laquelle la salinité contribuerait à doter la mer de la couleur céleste qui la rend si belle souvent. Il n'y a pas d'eaux plus azurées que celles du lac Majeur et du lac de Genève, pourtant il n'y a pas d'eaux plus douces. Les voyageurs qui ont vu ces eaux, par une belle journée d'été, des îles Borromée ou de Magadino, pour le lac Majeur, du pont du mont Blanc ou des Pâquis, pour le lac qui porte le nom de la métropole du calvinisme, le savent. Non, ce n'est point en bas qu'il convient de chercher le secret de la couleur normale de l'océan : c'est en haut, dans l'atmosphère et dans la lumière, dont on ne connaît pas toutes les propriétés prodigieuses.

La *grotta azzurra* de l'île de Capri nous fournit ici un argument de valeur.

Située en face de Naples, la ville d'Italie la plus populeuse, la plus gaie et la plus belle, par sa situation, cette grotte, qui s'ouvre au pied d'un rocher baigné par la mer, et dans laquelle on ne peut pénétrer que quand le temps est calme, les vagues bouchant facilement son entrée basse, suffirait à prouver que l'azur de l'eau vient du soleil et non du sel.

La *grotta azzurra* est une cavité de la falaise, longue de 51 mètres, large de 32, haute de 13, dont la cuvette a 21 mètres de profondeur, et que des rayons magiques éclairent. Au lieu d'y être noire, l'eau y prend une couleur bleue qui se réfléchit sur les pa-

Naples.

rois, si bien que tout y paraît azuré. Quand on lui promet un pourboire, le guide se met à la nage, et l'on assiste à un spectacle féerique : illuminé par la clarté répandue sur l'eau, le baigneur est d'une blancheur éblouissante des pieds aux épaules, et sa tête est celle d'un nègre.

Évidemment, c'est la lumière solaire qui produit ces phénomènes. Cela est si vrai qu'on ne voit la grotte d'azur dans sa splendeur qu'à l'heure la plus favorable du jour : de 10 heures à 2 heures et lorsque le ciel est pur.

La grotte verte, située sur la côte méridionale de Capri, près de la pointe *Ventroso*, et qu'on atteint également en barque, démontre, d'autre part, que la couleur bleue et la couleur verdâtre de l'eau ont une commune origine. Par un jeu de réfraction des rayons lumineux, l'eau de cette seconde grotte est d'un vert tendre et les objets qu'on plonge dedans ont l'apparence d'être teints en vert.

Le soleil, voilà le grand coloriste de l'océan.

La lumière diminue au fur et à mesure qu'elle descend dans la mer, quelle que soit la limpidité de celle-ci. Scoresby a vu nettement le fond à 130 mètres de profondeur, dans les eaux transparentes arctiques, et d'autres navigateurs affirment l'avoir aperçu à 200 mètres et plus dans le Pacifique.

En général, on admet que la tranche d'eau éclairée par le soleil a une épaisseur de 500 mètres, après quoi viennent le crépuscule et les ténèbres, qui sont complètes à mille mètres.

S'il est vrai, les poissons possèdent, à un degré plus élevé que les chats, la faculté de voir clair à la lumière

Ile de Capri.

et dans l'obscurité, et sont éminemment *nyctalopes* et *héméralopes* (1).

Parlons maintenant de la composition des eaux marines.

L'eau de mer, dont la masse liquide, comme celle de l'eau douce, résulte de la combinaison de deux gaz : l'oxygène et l'hydrogène, et dans laquelle les fleuves jettent tant de débris terrestres, est chargée de substances chimiques en dissolution qui la rendent plus lourde que l'eau douce. Ces substances sont surtout le chlorure de sodium ou sel de cuisine, le chlorure de magnésium, les sulfates de magnésie et de chaux, le chlorure de potassium, le carbonate de chaux, et le bromure de magnésium.

Elle possède encore d'autres éléments, mais en quantités plus infimes; par exemple : l'azote, le carbone, le fer, le plomb, le zinc, le cobalt, le nickel, le manganèse, le cuivre, l'argent et l'or. Il est même probable qu'elle contient tous les corps simples ou composés que renferme la terre, car l'érosion des côtes et les alluvions lui fournissent incessamment des portions de la substance du globe.

De son côté, la marine l'entretient si abondamment de fer et de cuivre qu'elle recélerait des amas de ces deux métaux lors même qu'elle n'en recevrait point des rivières.

S'imagine-t-on ce que, depuis l'éclosion de la civi-

(1) La *nyctalopie* est un état pathologique en vertu duquel l'individu qui en est affecté voit plus clair la nuit que le jour; au contraire l'*héméralopie* ne permet à l'héméralope de jouir de sa vue qu'au grand soleil. La première est une sorte de cécité diurne, la seconde une sorte de cécité nocturne.

lisation, les naufrages et les batailles navales ont précipité de richesses dans l'océan ! Songe-t-on que c'est par millions que les navires et les vaisseaux pourrissent sur le lit marin ! La marine marchande seule perd annuellement, en moyenne, deux mille navires, soit deux cent mille par siècle !

Si l'humanité retrouvait tout d'un coup les trésors qu'elle a abandonnés à la mer, l'industrie minière traverserait une crise mortelle, car on a calculé qu'il faudrait dix siècles d'exploitation productive de toutes les mines d'argent pour égaler le monceau d'argent enfoui dans les antres marins, lequel monceau serait, suivant les évaluations les plus faibles, de deux billions de kilogrammes, quatre milliards de livres de métal fin, ce qui, au titre monétaire, c'est-à-dire 9/10 d'argent pur, fait quatre cent quarante milliards de francs.

Quelle pile d'écus !...

Il en est vraisemblablement de même de l'or. Mais laissons ces calculs, qui nous feraient faire l'école buissonnière, et occupons-nous du sel de cuisine qui donne à l'eau de mer sa saveur et sa principale qualité.

La salinité des eaux marines n'est pas égale partout. Telles mers qui reçoivent plus d'eau douce qu'elles n'en perdent par l'évaporation, entre autres la Baltique et la mer Noire, sont peu salées. Au contraire, telles autres auxquelles la chaleur solaire enlève des tranches liquides plus épaisses que celles que leur apportent leurs fleuves tributaires sont très salées.

La Méditerranée et la mer Rouge se trouvent dans cette catégorie.

La salinité de la Baltique est à peine de 5 millièmes

et celle de la mer Noire de 18 millièmes; la salinité de la Méditerranée est de 38 à 39 millièmes, et celle de la mer Rouge de 41 à 43 millièmes. On voit la différence.

Qu'on se le rappelle : aucun cours d'eau permanent ne s'écoule dans la mer Rouge. Nous passons sur la Caspienne, la mer Morte et les autres lacs salés que des révolutions géologiques ont isolés.

Par ces mêmes raisons, l'eau marine est presque douce à l'embouchure des grands fleuves.

En dehors de ces inégalités spéciales, on peut établir, en principe, que la quantité moyenne des sels contenus dans l'eau océanique est de 35 millièmes, c'est-à-dire de 35 parties par mille, sur lesquelles 27 à 28 millièmes de chlorure de sodium ou sel de cuisine.

Si ce dernier, qui est le sel par excellence, celui dont l'air s'imprègne près des côtes et sans lequel l'homme ne saurait subsister, était réuni en tas, il formerait une montagne de 24 millions de kilomètres cubes. Ajoutez à ce cône celui que constitueraient les autres sels, et la montagne sera de 30 millions de kilomètres cubes!

C'est pourquoi l'eau de mer est plus lourde que l'eau douce. Son poids spécifique est de 1,028. C'est-à-dire qu'un mètre cube d'eau marine pèse 28 kilogrammes de plus qu'un mètre cube d'eau pure : 1,028 kilogrammes contre 1,000.

D'où vient le sel dont l'eau de mer est saturée! De la terre assurément.

C'est la terre ferme qui sale l'océan, peut-être pour le conserver, pour empêcher que les matières putrides qu'il tient en suspension ne le corrompent, car quoiqu'elle ait à se plaindre de lui, elle s'intéresse à son existence.

Quand notre planète commença à se refroidir et que des pluies diluviennes tombèrent sur sa surface brûlante, les sels solubles de son enveloppe, lavés par ces pluies, s'accumulèrent avec celles-ci dans les dépressions qui sont devenues le lit de l'océan, et y demeurèrent. Depuis, le limon des fleuves a sans cesse augmenté ce dépôt primitif, et voilà probablement la raison de la salinité des eaux marines.

Certes, l'homme enlève du sel à la mer; certes les vents en aspirent; mais que sont ces dîmes prélevées sur un si riche dépôt? Une poignée de sable prise dans le Sahara, un verre d'eau puisé dans l'Amazone. D'ailleurs, ce que l'homme et l'atmosphère dérobent, ils le rendent à la terre qui s'empresse de le restituer à l'océan par ses rivières.

L'eau des pluies fait perpétuellement la lessive des parties émergées du globe, et les résidus de ses lavages sont pour la mer d'où elle vient et où elle retourne en emportant invariablement un butin quelconque. Les pluies sont des pillardes qui ne descendent sur les continents que pour y opérer des razzias au bénéfice de leur père l'océan.

La mer a donc reçu, dès le principe, les sels que renferment ses eaux, et comme ces sels sont peu vola tils et que les averses, agents à qui elle les doit, on continué leur service, sa salinité n'a jamais diminué.

Si l'on nous objectait que l'eau des lacs est douce, nous répondrions que cela n'infirme pas l'opinion que nous émettons ici. D'abord, il n'y a point d'eau entièrement dépourvue de corps étrangers. L'eau pure, comme l'alcool pur, est un produit de laboratoire. Ensuite, tout indique que la formation des lacs est postérieure à celle de la mer, qu'elle s'est effectuée lorsque déjà l'enveloppe consolidée du globe au-dessus de l'océan ne possédait plus qu'une petite partie de ses sels, à l'époque quaternaire, période des grands déluges, et à l'époque glaciaire. Tous les bassins des lacs de la Suisse et du nord de l'Italie étaient des glaciers durant cette dernière période. Enfin, les lacs envoient à la mer leurs eaux, qui se renouvellent sans cesse, et avec elles les matières qu'elles contiennent.

Quant aux lacs salés tels que la mer Caspienne, le lac d'Aral, la mer Morte, le grand lac salé de l'Utah, il est permis de supposer qu'ils ont appartenu à l'océan ou qu'ils se sont formés dans des cavités abandonnées par la mer et remplies de sels datant du premier âge du monde. Cette hypothèse est admissible même pour ceux qui sont situés à une certaine altitude, les soulèvements du sol suffisant à expliquer leur position.

VI

TEMPÉRATURE DE LA MER

Variations de la température de l'Océan. — Influence des courants sur cette température. — Les glaces polaires. — La glace marine donne de l'eau douce. — Les glaciers des terres arctiques et antarctiques. — Époques de la congélation et du dégel aux pôles. — Les pôles géométriques sont-ils gelés. — Deux volcans. — Extrêmes de froid et de chaleur. — Hivernage dans les glaces. — Baleiniers gelés. — La débâcle. — Les banquises. — Les naufragés du *Polaris*. — Destruction de navires. — Les icebergs. — La congélation des mers intérieures. Un verre d'eau de la Néva.

La température des nappes superficielles de l'océan est, comme la température des couches supérieures de la terre, sujette à des variations plus ou moins grandes, suivant les latitudes, et souvent aussi suivant la nature et la forme des côtes.

Sur le littoral africain, du Sénégal à la Guinée, l'eau a 31° centigrades; dans la mer Rouge, le Pacifique et l'océan Indien, sous l'équateur, elle en a 32; ailleurs, dans la zone torride, elle a 25 à 30°; puis sa chaleur diminue progressivement jusqu'au cercle glacial, où cette chaleur s'annule.

Les contre-courants polaires qui vont combler les

vides faits par l'évaporation amenant, dans les nappes océaniques intermédiaires, sous les tropiques, des eaux froides, les courants équatoriaux qui portent vers le nord des eaux surchauffées s'écoulant à la surface marine en fleuves gigantesques, la mer a parfois, sous la même latitude, des températures diverses superposées ou placées l'une à côté de l'autre.

Le gulf-stream, qui s'est creusé un lit dans l'Atlantique, serpente dans l'hémisphère boréal entre des eaux plus froides que les siennes.

En thèse générale, on peut dire que la température de la mer varie selon les saisons et les lieux, et qu'elle n'est constante qu'à une profondeur où ni les courants polaires ni les courants équatoriaux, ni les rayons solaires ne l'influencent.

Cette température décroît plus ou moins rapidement, à partir du niveau marin, pour descendre à zéro dans l'intérieur des mers des régions chaudes ou tempérées et au-dessous de zéro dans les abîmes des mers polaires.

Sur ce sujet, l'océan, qui est tout mouvement, et dont les oscillations thermométriques sont si fréquentes, est tellement plein d'anomalies, que les théories les plus savantes ou les plus ingénieuses risquent, les trois quarts du temps, de reposer sur des hypothèses inexactes.

Ce qu'on sait absolument, c'est que le soleil chauffe la mer comme il chauffe la terre, et que là où ses rayons ne portent pas leur calorique vivifiant, l'eau se congèle, se solidifie.

Notons incidemment que l'air a généralement une température inférieure à celle de l'eau.

La mer de glace.

L'océan est donc gelé vers les pôles, gelé partout, sauf quelques espaces éloignés au fond desquels se trouvent, peut-être, des calorifères sous-marins alimentés par le feu central.

Les glaces polaires se forment, comme les glaces des lacs et des rivières, par l'agglomération de myriades de petites aiguilles, de petits cristaux qui se soudent ensemble.

Dès qu'elle existe, la couche de glace, que la neige tapisse vite, s'épaissit, sous l'action du froid, jusqu'à 8 mètres et plus là où le thermomètre marque 45 à 50° au-dessous de zéro, et constitue ces *champs* qui ont parfois la superficie de la France.

Les champs de glace sont rugueux, la houle et les vents contrariant leur formation ; lorsque la neige a caché leurs inégalités, ils présentent à l'œil l'aspect de plaines blanches infinies.

L'eau provenant de la glace océanique est presque douce, la congélation débarrassant, à 4 ou 5 millièmes près, l'eau de mer des sels qu'elle renferme ; la glace marine fondue donne, en conséquence, de l'eau suffisamment potable et dont usent, pour leur boisson et leur cuisine, les pêcheurs et les explorateurs emprisonnés, dans les banquises, pendant la saison hivernale.

A cette glace, essentiellement marine, puisqu'elle est faite d'eau de mer, il convient d'ajouter celle que les glaciers des terres polaires jettent dans l'océan.

Les glaciers des terres polaires, surtout au pôle austral, atteignent des proportions telles qu'auprès d'eux, les glaciers des Alpes et ceux de l'Himalaya ne sont que des ruisseaux de glace. Par comparaison, puisqu'il est établi que les glaciers, fleuves solides, marchent ou plutôt glissent comme les fleuves liquides, plus lentement, voilà tout, les glaciers des Alpes et de l'Himalaya seraient le Rhône ou le Gange, et les glaciers du Groenland ou des terres antarctiques, l'Amazone.

Ce sont des fragments détachés de ces glaciers que les blocs qui, poussés par les vents et les courants, louvoient vers l'équateur, à l'époque de la débâcle, et rendent, à ce moment, la navigation si périlleuse.

Au pôle nord, la congélation s'opère à la fin d'octobre, à partir du cercle polaire, ou plutôt à partir de la ligne isothermique glaciale, et dure six mois. Le dégel, secondé par les vents et les lames, commence avec les chaleurs printanières, en avril.

Au pôle sud, par suite de l'opposition des saisons dans les deux hémisphères, la congélation se produit en avril et le dégel en septembre.

La masse glaciaire antarctique étant plus considérable que la masse glaciaire arctique, les glaces flottantes du pôle sud s'approchent plus près de la zone torride que celles du pôle nord. On en a signalé au 34e de latitude, tandis que les banquises et les icebergs des régions boréales ne dépassent pas le 40e parallèle.

Les pôles géométriques sont-ils sous l'empire d'un hiver perpétuel ?

Tout l'indique. Quoi qu'il en soit, nul n'a pu prouver le contraire.

Nordenskiöld, qui en 1868 s'arrêta à une distance de 800 kilomètres du pôle nord, déclare que la prétendue mer libre annoncée par Kane est une chimère, et le capitaine Nares qui, le 12 mai 1876, atteignit la position exceptionnelle de 83° 20′ 26″, à 740 kilomètres du même pôle, ne vit devant lui que de la glace et un paysage lugubre et désolé.

Il est permis de croire que les pôles géométriques ont le climat de la zone qui les entoure. Cette croyance est d'ailleurs conforme à la logique autant qu'aux observations relevées.

Le pôle austral, le grand réservoir de la planète, est plus froid que le pôle boréal, précisément à cause des vastes mers antarctiques et quoiqu'il renferme des volcans.

En 1841, sir James Ross découvrit, sous le 76e parallèle, sur la côte de la terre Victoria, deux volcans en activité, hauts de 3,750 mètres, aux flancs couverts de neige, et dont les cratères lançaient, à plus de 700 mètres dans les airs, des gerbes de feu, ce qui n'empêchait pas leurs bases d'être ourlées de falaises de glace de 300 à 400 mètres d'épaisseur. Il les baptisa *Érèbe* et *Terror*, des noms de ses vaisseaux.

Dans les régions glaciales, le thermomètre descend jusqu'à 70° au-dessous de zéro.

Un voyageur, M. Gmelin, prétend même avoir consaté, à Kiringa, en Sibérie, un froid de 84°,4 ; mais son assertion ayant rencontré des incrédules, nous ne la rapportons qu'à titre de document ; quant à la température de 70° elle est réelle, comme l'est celle de 67°,7 de chaleur notée par le voyageur Duveyrier, dans le pays des Touaregs. Les deux extrêmes de froid et de chaud sont presque égaux.

Rien de pénible et de périlleux comme un hivernage dans les champs de glace. Au long jour polaire, qui dure six mois, a succédé la nuit polaire, de six mois également. Le soleil, après s'être élevé au plus haut point de sa course, est redescendu vers l'horizon, puis est parti. Les étoiles brillent en plein midi, quand le temps est clair; quand le temps est sombre, tout est morne : c'est la nuit avec quelques *aurores* et quelques *halos*.

Par intervalle, la bise souffle, les bourrasques suc-

Esquimaux et leur hutte d'hiver.

cèdent aux rafales, le ciel est gris, brumeux, le thermomètre oscille entre 20° et 70° au-dessous de zéro, la glace s'étend en chaos, à perte de vue; pas un cri, pas une voix : le silence, le désert.

Si la tempête éclate, c'est avec la violence des cyclones des tropiques ; les tourbillons de neige se succèdent, la banquise craque et se fend sous la pression qu'elle subit, l'obscurité augmente, la nature devient horrible.

Les explorateurs, les pêcheurs de cétacés et de phoques, bloqués dans ces régions effroyables, n'en sortent pas toujours au retour de la belle saison; beaucoup y sont broyés entre les glaces avec leurs bâtiments ou y meurent de froid et de faim. Les Esquimaux mêmes, qui sont pourtant habitués, chez eux, à une température très basse, et dont les huttes de neige ressemblent à des tanières d'ours blancs, y succombent.

En 1872, au mois de mai, un baleinier aperçut, dans la mer de Behring, un navire désemparé allant à la dérive au milieu des glaces qui menaçaient de l'éventrer; après avoir vainement fait les signaux d'usage, le commandant de ce bateau de pêche sauta dans un canot et gagna l'épave flottante sur laquelle il grimpa et où il vit ce qui suit : dans la chambre des matelots, se trouvaient, sur huit couchettes, huit hommes d'une excessive maigreur, les membres crispés, rigides et paraissant n'avoir cessé de vivre que depuis vingt-quatre heures. Le capitaine et le second étaient étendus dans leurs cabines, et près du capitaine on lisait, sur le livre de bord, cette dernière mention écrite d'une main tremblante :

« Emprisonnés au 72e degré, par les glaces, le 5 décembre 1871. — Quatre matelots ont succombé au froid; les glaces se resserrent et écraseront notre bâtiment; nous sommes dix à attendre la mort. »

Vraisemblablement, ces malheureux, perdus dans les glaces arctiques, manquant de vivres et de combustible, épuisés par leurs souffrances et leurs privations et n'espérant aucun secours, s'étaient couchés pour mourir.

Navire voguant au milieu d'icebergs.

Un siècle auparavant, un trois-mâts avait été rencontré au même endroit, dans des conditions analogues. Tout l'équipage, vingt hommes, y était mort de froid depuis cinq ans, et l'on eût dit, à l'aspect des cadavres, que le drame ne remontait pas à plus de quarante-huit heures. Le soleil tue et détruit; la glace tue et conserve.

Lorsque la chaleur et l'agitation des flots ont rompu les champs de glace dans lesquels se trouvaient enchâssés, près des côtes, les fragments tombés des glaciers des terres polaires, la débâcle se produit.

Les glaces marines se fractionnent en îles d'une superficie de 20 à 30 kilomètres : ce sont proprement les *banquises;* les masses détachées des glaciers forment, à côté, ce qu'on appelle des *icebergs*, des montagnes de glace, et icebergs et banquises s'en vont à la dérive, poussés par les courants, léchés par les vagues, en s'entrechoquant avec un fracas pareil à des détonations d'artillerie, jusqu'à ce que la fonte les ait anéantis.

Leur défilé dure trois mois, au-dessous des cercles polaires, et crée à la navigation les plus graves dangers.

Il advient quelquefois que les banquises sont habitées par des pêcheurs ou des explorateurs dont les bâtiments ont été pulvérisés par les glaces pendant l'hiver et qui, internés avec de maigres provisions sur le point où ils ont établi leur campement, se laissent emporter, à la grâce de Dieu, dans l'espérance qu'un navire les apercevra et les sauvera. Mais la dérive est lente, les provisions s'épuisent, la banquise se brise et se fond, et les naufragés sont engloutis.

En 1873, dix-neuf individus ayant appartenu, à divers titres, à l'équipage du *Polaris :* six matelots et

Navire pris dans les glaces.

neuf Esquimaux dont deux femmes et cinq enfants, furent entraînés sur un glaçon de trois lieues de tour qu'ils virent graduellement diminuer. Leur voyage, de la baie de Baffin à Terre-Neuve, en ligne oblique, 2,900 kilomètres, dura six mois et onze jours au milieu de péripéties poignantes. Quand on les secourut, leur banquise, réduite aux proportions du bassin des Tuileries, achevait de s'amincir, et l'Océan allait les recevoir.

Les sinistres causés par les glaces flottantes sont extrêmement fréquents.

En 1777, dix navires hollandais, en route pour la pêche de la baleine dans les mers polaires, dérivèrent avec des banquises et des icebergs, du Spitzberg à l'Islande, et furent successivement broyés pendant ce long trajet de 16 à 17 degrés. Deux cent cinquante matelots périrent dans cette catastrophe.

« J'ai vu, a écrit le capitaine Scoresby, un navire qui, écrasé entre deux murs de glace, fut pulvérisé instantanément dans le choc de ceux-ci. Seule, la pointe du grand mât resta debout au-dessus de ce tombeau flottant, comme un funèbre signal. Un second bateau se dressa sur sa poupe comme un cheval cabré. Deux autres beaux trois-mâts ont été, sous mes yeux, percés d'outre en outre, par des glaçons aigus de plus de cent pieds de longueur. »

Ainsi périssent tant de bâtiments montés par des pêcheurs ou dirigés par des explorateurs en quête des terres australes ou à la recherche des passages du pôle boréal; ainsi échoua l'expédition dirigée par sir John Franckin et dans laquelle moururent de faim, de froid ou autrement, de 1845 à 1848, 139 personnes.

Ours blanc errant sur des glaçons.

Les banquises sont de vastes tables rugueuses, raboteuses, qui ne s'élèvent pas à plus de deux mètres hors de l'eau ; par contre, les icebergs se dressent à 150 mètres au-dessus du niveau de l'océan, ce qui leur donne, au moins, mille mètres d'altitude, la hauteur totale d'une masse de glace flottante étant toujours sept à huit fois plus grande que sa partie visible, en d'autres termes, sa partie immergée étant huit fois plus épaisse que sa partie émergée.

On rencontre des icebergs qui ont plusieurs kilomètres en longueur et en largeur et dont le volume est de cinq à six milliards de mètres cubes. La plupart sont chargés de graviers, de rochers, portions de moraines des glaciers auxquels ils ont appartenu, qui tombent dans l'océan et y forment des bas fonds, puis des îles.

Le grand banc de Terre-Neuve est composé de ces graviers et de ces rochers.

Ainsi, la glace ronge la terre des pôles pour charrier celle-ci vers l'équateur !

De temps à autre, les icebergs sont habités par des ours blancs affamés que la débâcle y a surpris et qui ne craignent point de se précipiter sur les navires perdus comme eux au milieu des glaces ; plus ordinairement ils sont déserts.

Leur relief, que le soleil, la bise, les chocs, les vagues modifient jour et nuit, est varié à l'infini. Tantôt il représente un cône, tantôt une pyramide ou des milliers de pics étincelants.

Des baleiniers ont vu des icebergs rappelant l'abbaye de Westminster, l'église de Saint-Paul de Londres, le dôme de Milan ou des donjons, des châteaux du moyen âge.

Parfois, les rayons solaires creusent sur le sommet de la montagne de glace un lac qui s'épanche en cascatelles, ou taillent dans ses parois des flèches de cathédrales gothiques élancées et fines dont les facettes ont l'éclat du diamant.

Dans la relation de son voyage au pôle austral, Dumont d'Urville parle en ces termes des icebergs des mers antarctiques : « Les murailles de ces blocs de glace dépassaient nos mâtures, elles surplombaient nos navires dont les dimensions paraissaient ridiculement rétrécies. On aurait pu se croire dans les rues étroites d'une ville de géants. Au pied de ces immenses monuments, nous apercevions de vastes cavernes creusées par les flots qui s'y engouffraient avec fracas.

« Le soleil dardait ses rayons obliques sur d'immenses parois de glace, semblables à du cristal. Il y avait là des effets d'ombre et de lumière vraiment magiques et saisissants. Du haut de ces montagnes, s'élançaient à la mer de nombreux ruisseaux alimentés par la fonte qu'activait le soleil de janvier, été de ces régions. »

Si les icebergs ne causaient pas les affreux malheurs qui les rendent redoutables et obligent les navires à fuir devant eux à mâts et à cordes, ou à toute vapeur, ils offriraient au navigateur le plus beau et le plus éclatant spectacle.

La congélation des mers intérieures des zones froides s'effectue de la même manière que celle des eaux océaniques, mais la houle, le ressac, les tempêtes, les courants la retardent ou l'empêchent sur tel ou tel point.

Par exemple, tandis que, chaque hiver, les golfes de Bothnie et de Finlande se couvrent d'une couche de glace que sillonnent bientôt des chemins parcourus par des traîneaux, le milieu et l'ouest de la Baltique

Bandes de loups de Norwège faisant invasion dans le Jutlund.

restent à peu près libres. Il y a cependant des exceptions à cette règle, car, d'après des chroniques, duran les hivers de 1323, de 1333, de 1349, de 1399, de 1402 et de 1408, on put aller à cheval, par mer, de Copenhague à Dantzig, et les loups de la Norwège, chassés de leurs forêts par la faim, ayant traversé le Skagerrack, envahirent le Jutland et y dévorèrent quantité de bestiaux, de femmes et d'enfants.

La mer Noire gèle aussi, puisque des historiens affirment qu'elle fut prise en 401 et en 762, et que ses banquises, lors de la débâcle, encombrèrent le Bosphore, la mer de Marmara et l'Hellespont; seulement, ce phénomène est rare. D'ordinaire, elle gèle partiellement et faiblement, pendant les hivers rigoureux, et cela, sans doute, parce qu'elle est ouverte aux vents polaires.

Dans tous les pays où le froid est intense, le dégel est une fête. A Saint-Pétersbourg, quand, en avril, la Néva redevient navigable après un sommeil de cinq à six mois, le canon tonne, la foule accourt, le Tzar se place au balcon du palais d'hiver, qui domine les quais, le commandant de la forteresse Pierre-Paul traverse, sur une barque, le fleuve dans lequel il puise un verre d'eau qu'il offre au souverain en disant : « Le printemps vous envoie ceci comme preuve que l'obscur hiver est terminé », et l'empereur vide le verre qu'il fait ensuite remplir de pièces d'or. Autrefois, ce verre était petit; peu à peu il se transforma au point de surpasser en grandeur la coupe du roi Gambrinus, ce qui obligeait le Tzar à boire beaucoup d'eau et à débourser une grosse somme, choses également désagréables. Depuis l'avènement d'Alexandre III, cet abus a cessé; le verre a repris des proportions convenables et son prix a été invariablement fixé.

VII

FAUNE ET FLORE DE LA MER

Les algues. — Les mers de sargasses. — Richesse que les fucus offrent à l'agriculture. — La vie animale dans l'Océan. — Les foraminifères. — Un calcul impossible. — Tous carnassiers. — Prodigieuse fécondité. — Bancs de harengs, de méduses et de sardines. — Nappes de diatomées.

Les continents sont, par excellence, le domaine de la vie végétale; l'océan est le principal milieu des organismes animaux.

La mer possède donc une faune d'une richesse incomparable; par contre, sa flore est pauvre.

Cette flore se compose de quelques plantes inférieures, parmi lesquelles les algues, famille de cryptogames, occupent la première place.

Les trois quarts de ces algues sont des lanières sans racines et sans fructification apparentes, dont la longueur atteint parfois cinq cents mètres, qui ne paraissent pas descendre à plus de 350 mètres de profondeur, et qu'on rencontre dans les régions tempérées et dans les régions torrides.

La flore océanique déploie ses monotones richesses au milieu des cirques formés par les contours des courants équatoriaux.

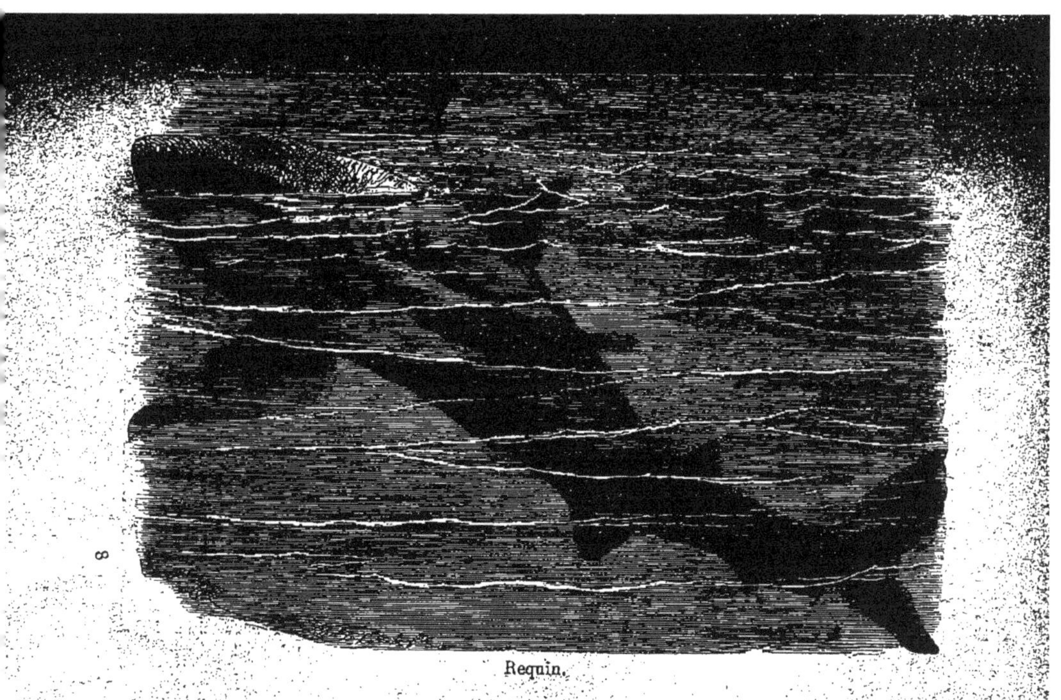

Requin.

Le gulf-stream, le Kuro-Sivo, le courant de l'océan indien et plusieurs autres courants chauds ont, au centre des spirales qu'ils décrivent, des prairies de varechs plus vastes que les pampas de l'Amérique du Sud, qu'on nomme communément mers de *sargasses*, où une température élevée et un grand calme permettent aux fucus de naître et de se développer.

Dans son premier voyage à travers l'Atlantique, Christophe Colomb s'aventura sur ces champs d'algues où ses navires n'avancèrent que péniblement, et il eut peur de n'en pouvoir sortir.

Enchevêtrées en traînées interminables d'un vert jaunâtre, au-dessous desquelles la sonde ne rencontre le fond qu'à plusieurs milliers de mètres, soulevées mollement par les lames, peuplées de poissons, de tortues franches et de milliards de petits crustacés collés à leurs tiges, les sargasses, qu'on a surnommées raisin des tropiques, à cause des vésicules pleines d'air dont elles sont parsemées et qui leur servent de vessies natatoires, les sargasses flottent à la surface marine, sans jamais franchir la limite tracée par la rive intérieure du courant au centre duquel elles sont nées, et en tournoyant lentement dans le remous de ce courant.

On a cru, pendant longtemps, que les fucus des mers de sargasses étaient des varechs emportés loin des rivages par les vagues et les vents, puis saisis par les courants et réunis dans les anneaux de ceux-ci comme dans des tourbillons ; l'observation a détruit cette opinion très rationnelle en apparence.

On sait à présent que si les algues abondent au milieu des circuits des courants chauds, c'est parce qu'elles trouvent une aire favorable dans ces circuits, et qu'elles germent réellement là où elles vivent en si grandes quantités.

Les prairies de sargasses offrent à l'agriculture une mine inépuisable d'engrais qui sera exploitée un jour, quand le guano des îles Chinchas aura disparu ; elles occupent, sur les mers, une superficie égale à quinze ou seize fois celle de la France, et suffiraient à l'entretien copieux et perpétuel de toutes les terres cultivées ou cultivables.

Tels sont, en substance, les plus remarquables représentants de la flore océanique ; encore, des naturalistes prétendent-ils que les algues ont commencé par être des animaux microscopiques avant de devenir des plantes.

C'est que dans la mer, où sont nés les premiers êtres qui aient respiré sur le globe, la vie végétale n'est rien, la vie animale est tout, et qu'il est permis de voir cette dernière dans tout.

Chaque goutte d'eau de l'océan contient un monde, chaque poignée de sable marin un univers.

A. d'Orbigny a compté 480,000 foraminifères dans 3 grammes de sable de la mer des Antilles.

De son niveau à ses couches profondes, les derniers sondages l'ont démontré, l'océan est rempli de multitudes tellement prodigieuses d'êtres que nos chiffres seraient impuissants à les nombrer.

La mer *infertile*, répétaient anciennement les poètes ; c'est la mer *féconde*, féconde à l'excès qu'il aurait fallu dire, car la reproduction des espèces marines est active au point de confondre la raison.

C'est surtout chez les infiniment petits : zoophytes

infusoires et autres, que cette fécondité est prodigieuse. Par le seul entassement de leurs cadavres calcaires invisibles à l'œil nu, ces bestioles élèvent le fond des mers et créent des assises continentales destinées à former des pays que l'homme habitera!

Examinez au microscope un morceau de craie océanique compacte, et vous serez stupéfié de la quantité de carapaces d'animalcules que vous y découvrirez. Alors, vous vous demanderez peut-être comme nous : si un million de foraminifères ont été nécessaires pour former un bout de craie de 2 à 3 centimètres carrés, combien a-t-il fallu de ces atômes pour constituer les territoires de même nature qui existent dans les cinq parties du monde, et quel est le chiffre de ceux qui continuent ces colossales constructions sous-marines? Et vous vous arrêterez ébloui.

Aussi la mer est-elle le véritable champ de carnage de la planète.

Quelque profonde qu'elle soit, les individus qui y naissent quotidiennement par quintillions et sextillions ne tarderaient pas à la combler et à la transformer en charnier pestilentiel, si la Providence n'entravait leur développement et leur propagation en les portant à s'entre-détruire mutuellement, moyen cruel, mais pourtant à peine suffisant pour les empêcher de renverser l'équilibre planétaire.

Dans la mer, tous les animaux, des plus infimes aux plus gigantesques, sont carnassiers, se nourrissent aux dépens d'espèces rivales ou de leur propre espèce; on a trouvé des débris de jeunes requins dans l'estomac de vieux requins; tous vivent de chair, ne pouvant vivre de végétaux puisque la flore marine est nulle. Les oiseaux et les hommes augmentent la destruction; cependant, les populations aquatiques restent compactes.

C'est que la vie débordante de l'océan défie tous les ravages de la mort.

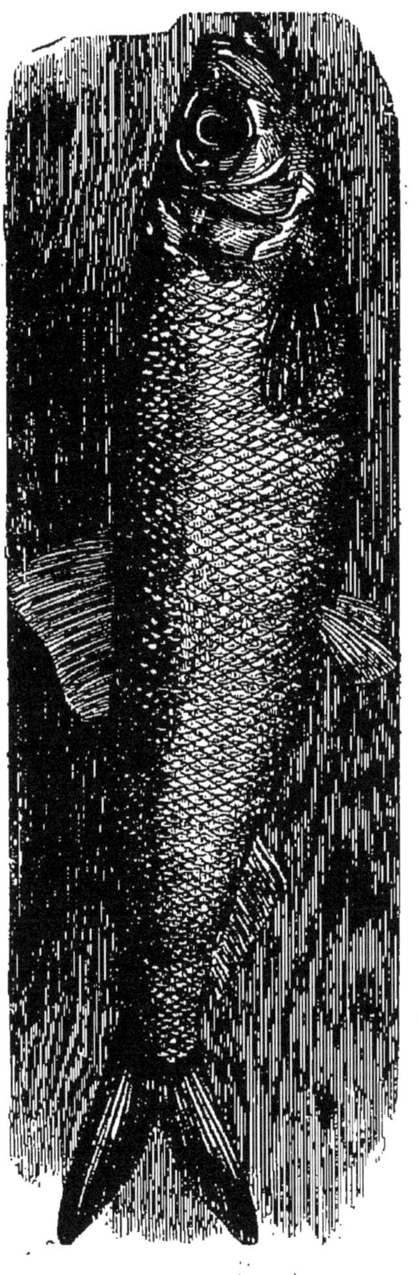
Hareng.

Quand les insectes de la mer couvrent le lit marin d'une vase animée ou s'étendent sur l'eau en bouillie assez épaisse pour contrarier la marche des navires, quand dans des myriades de familles de poissons, les femelles pondent annuellement des milliers ou des millions d'œufs, on a compté jusqu'à 9,344,000 œufs dans une morue de 30 kilogrammes, et 2,000,000 dans une huître, la destruction balance difficilement l'abondance de la reproduction.

On a vu des bancs de harengs de 30 kilomètres de

longueur sur 6 kilomètres de largeur, où les individus étaient pressés au point de s'étouffer, de s'écraser, et qu'il eût été impossible à un bateau de pêche de traverser; on a rencontré des bandes de méduses serrées les unes contre les autres et occupant un espace deux fois plus considérable; on a reconnu des nappes de colliers de diatomées siliceuses de 400 kilomètres de longueur, ce qui donne un

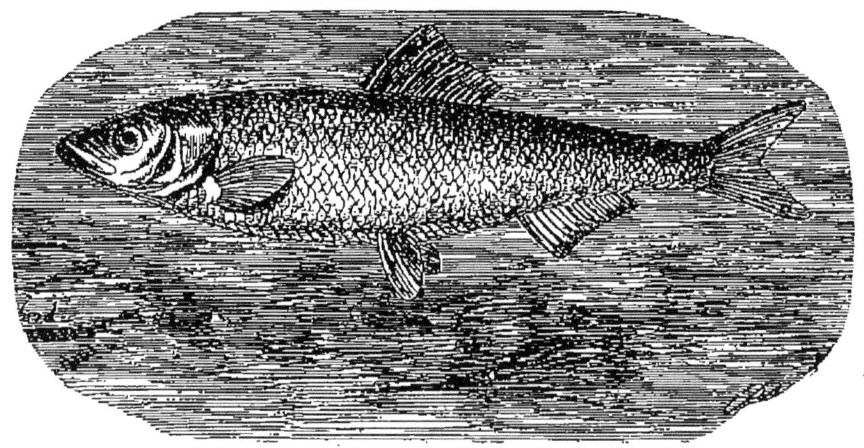

Sardine.

phiffre incalculable d'êtres, une seule diatomée, quoiqu'elle n'ait qu'un sixième de millimètre de diamètre, couvant par elle, par ses enfants et les enfants de ses enfants, produire en quatre jours 140 billions de rejetons; on a signalé, dans la Méditerranée et dans l'Atlantique, des amas si énormes de sardines qu'on eût cru que l'eau était changée en organisme vivant sur une superficie de 6 à 7 lieues. Mais à quoi bon nsister? L'évidence ne démontre-t-elle pas que la mer est le principe de toutes choses et le laboratoire de la vie sur notre planète?

VIII

LES MONSTRES DE LA MER

Infusoires et baleines. — Faune terrestre et faune marine comparées. — Sauvages dévorés par des requins. — Le crabe birgos. — Les poulpes. — La pieuvre de Terre-Neuve. — Celle du détroit de Malacca. — Une goëlette attaquée par un poulpe. — Le poulpe rencontré par l'*Alecton*. — Le beau après l'horrible. — La faune marine, source de prospérité pour l'homme.

La faune de l'océan est si nombreuse qu'il est improbable que l'homme parvienne à la connaître entièrement. Chaque jour des savants, qui croyaient de bonne foi avoir pénétré ses secrets, s'aperçoivent, sur les rapports de navigateurs, qu'ils ne possèdent qu'une partie de ceux-ci; chaque jour le hasard ou les recherches ajoutent quelque document nouveau aux richesses de la zoologie marine.

Ce n'est que dans la seconde moitié du dix-huitième siècle qu'on eut la conviction que le corail n'est pas une plante, et c'est seulement depuis le commencement du dix-neuvième siècle que la micrographie dévoile vraiment les magnificences organiques des eaux.

Si la mer avait l'oiseau, ce divin chef-d'œuvre, il ne lui manquerait rien, car elle fourmille d'habitants dont les races, les espèces, les familles, présentent les contrastes les plus frappants, les qualités les plus diverses et, presque toujours, l'utilité la plus grande pour l'homme qui, en sa qualité de roi de la sphère, n'apprécie que les êtres qui lui rendent des services.

La mer a l'infusoire, plus léger qu'un souffle, et elle a la baleine, qui peut atteindre 30 mètres de longueur et peser 200,000 kilogrammes, autant que trente-cinq éléphants adultes ou trois cent quarante bœufs ordinaires.

Elle a le cachalot, qui surpasse l'hippopotame autant que la baleine surpasse l'éléphant; le narval, auprès duquel le rhinocéros est un nain, et dont la défense, longue de 2 à 3 mètres, fournit l'ivoire le plus estimé; le morse, un colosse à côté du buffle; les phoques, des géants comparés aux castors et aux loutres; elle a la tortue franche, un des plus beaux présents que la nature ait faits aux habitants des contrées équatoriales, une des productions les plus utiles qu'elle ait déposées sur les confins de la terre et des eaux, selon l'expression de Lacépède, la tortue franche, plus grosse qu'une vache grasse; elle a les squales, elle a le requin, dont la longueur est fréquemment de 10 mètres, et qui laisse loin derrière lui les félins pour la férocité.

Ne vous baignez pas dans les parages que fréquente ce monstre, vous seriez inévitablement happé; ne passez même pas en barque par là, car le requin est si vorace, si audacieux et si amateur de chair humaine, que lorsqu'il est en appétit, il s'élance sur les chaloupes pour leur enlever quelque proie.

En 1879, un navire de Saint-Malo allant de la Nouvelle-Calédonie en Chine rencontra, près des îles

Baleine.

Carolines, une pirogue renversée, sur la quille de laquelle se cramponnaient trois femmes sauvages que le capitaine recueillit et qu'il emmena à Hong-Kong, où un trafiquant chinois qui comprenait leur dialecte obtint d'elles ces renseignements : leur bateau, sorte de bac qui faisait le trajet d'une île à l'autre de leur archipel, avait été assailli par une troupe de requins et culbuté, et de trente-neuf personnes qu'il contenait : dix-huit hommes, quinze femmes et six enfants, elles seules survivaient, le navire les ayant secourues assez tôt pour empêcher les squales de les dévorer à leur tour.

Les tigres qui, chaque année, prélèvent des dîmes humaines sur les populations rurales de l'Hindoustan, sont-ils capables d'une pareille orgie de sang?

Dans les genres horribles et dangereux la mer est d'une prodigalité fantastique. Elle a des poissons venimeux, comme la terre a la vipère, le naja, le trigonocéphale et le crotale; elle a des échinides, dont l'oursin est le type; elle a des crustacés tels que la langouste et le homard, auprès desquels les insectes terrestres sont des pygmées doucereux; elle a des araignées, les crabes, autrement monstrueuses que les mygales aviculaires qui égorgent les colibris et les jeunes poulets.

On prend, sur nos côtes, des crabes pesant 3 kilogrammes, et l'on en capture, dans le Pacifique, d'un poids bien supérieur. Écoutons ce que Darwin dit d'un crabe tourteau qu'il rencontra sur des îles madréporiques :

« J'ai parlé du birgos, crabe nourri de noix de coco, et qui, très commun sur toutes ces îles, parvient à une

Narval.

monstrueuse grosseur. S'il n'est pas de la tribu des pagures voleurs, il se rapproche fort de cette espèce. Ses deux pattes de devant sont terminées par de robustes et lourdes tenailles; je n'aurais point cru possible qu'il ouvrît une noix de coco recouverte de ses enveloppes; mais M. Liesk m'assura l'avoir souvent pris sur le fait.

« L'animal déchire d'abord l'enveloppe, fibre à fibre, toujours vers l'extrémité où se trouvent trois petits yeux : il tape ensuite sur un des creux, jusqu'à ce qu'une ouverture soit pratiquée. Tournant alors sur lui-même, il extrait de la noix, à l'aide de ses pattes postérieures, plus minces que les autres, la substance blanche albumineuse. C'est un des plus curieux exemples d'instinct dont j'aie ouï parler; on n'eût jamais supposé qu'il entrât dans le plan de la nature d'établir des rapports entre la structure d'un crabe et celle du coco. Le birgos, qui passe le jour à terre, se rend, dit-on, toutes les nuits à la mer sans doute pour humecter ses branchies, et ses petits vivent pendant quelque temps à la côte où ils éclosent. Les crabes birgos habitent de profonds terriers sous les racines des arbres ; ils y accumulent des quantités surprenantes de fibres de coco épluchées, qui leur servent de lit. Les Malais s'emparent de ces masses fibreuses qu'ils emploient à fabriquer des câbles. Les birgos sont excellents à manger, et sous la queue des plus gros on voit une masse de graisse qui, fondue, donne un quart de bouteille d'huile limpide. On a prétendu qu'ils grimpaient au haut des cocotiers pour en cueillir les fruits. Je doute de la véracité de cette assertion. Sur le pandanus, la chose serait plus aisée ;

M. Liesk m'a, du reste, affirmé que, dans ces îles,

Birgos larron.

le birgos se contente de cocos tombés à terre.

« Le capitaine Moresby m'apprend que les birgos habitent aussi les îles Chagos et Seychelles, bien qu'on ne les trouve pas dans l'archipel voisin des Maldives. Ces crustacés abondaient jadis à l'île Maurice où on ne les rencontre presque plus. Dans l'océan Pacifique, leur espèce ou une espèce analogue habite une seule île de corail, au nord du groupe de la Société. Comme preuve de l'étonnante force des pinces de ces animaux, le capitaine me raconta qu'ayant voulu renfermer un birgos dans une épaisse boîte en fer blanc à biscuits, dont il avait solidement assujetti le dessus avec du fil de fer, le prisonnier parvint à s'évader en retournant les bords du couvercle et en perçant de part en part le métal. »

La mer a également des poulpes plus hideux et plus dangereux que les boas et les crocodiles, et dont les grandes espèces se cachent dans les antres océaniques.

On a traité de fables les récits relatifs à des céphalopodes d'une dimension démesurée aperçus au large ou près des côtes par des pêcheurs ; on sait, à présent, que le scepticisme n'est plus de saison sur ce point, la plupart des muséums importants d'histoire naturelle possédant des fragments de poulpes ayant appartenu à des individus d'une taille extraordinaire, et cent relations de navigateurs dignes de créance établissant l'existence de *pieuvres* énormes qui, de temps en temps, quitteraient leur domaine ténébreux pour marauder à la surface de l'eau.

Nous avons sous les yeux plusieurs rapports touchant des poulpes gigantesques ; nous demandons la permission de leur donner place dans ce chapitre.

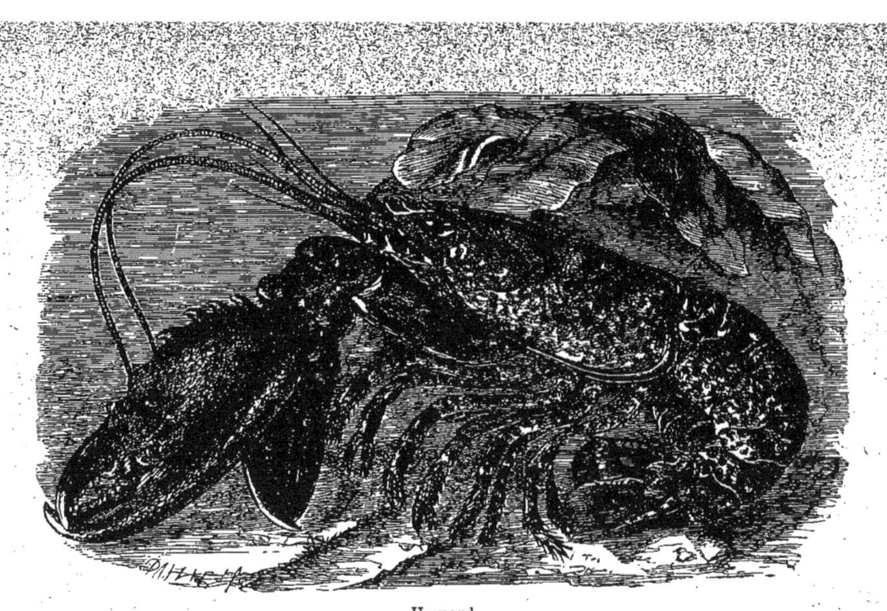

Homard.

Voici d'abord une communication adressée de Cambridge (Massachussets), le 27 novembre 1873, à la Société de géographie de Paris, par M. Jules Marcou, et consistant en une lettre envoyée à ce dernier, de Saint-John (Terre-Neuve), par M. Alexandre Murray, le 10 du même mois :

« Saint-John (Terre-Neuve), le 10 novembre.

« La description suivante d'un monstre marin très remarquable, qui a fait récemment son apparition sur les côtes de Terre-Neuve, ainsi que d'un morceau coupé d'un de ses bras, actuellement en ma possession, excitera, je pense, votre intérêt et celui du professeur Agassiz, à qui j'aimerais à offrir ce curieux échantillon.

« Le 28 octobre dernier, un pêcheur nommé Théophile Picot était occupé, comme d'habitude, à pêcher près de l'extrémité orientale de l'île Grand-Bell, dans la baie de Conception, lorsque son attention fut attirée par un objet flottant sur l'eau et qui, à la distance où il se trouvait, avait l'apparence d'une voile ou d'une épave de quelque naufrage.

« Voulant satisfaire sa curiosité, Picot mit le cap sur cet objet qu'il frappa avec une rame. Aussitôt l'épave, qui était une pieuvre colossale, s'anima, devint furieuse, heurta avec son bec la barque, et lança pardessus ses bras, probablement pour l'attirer au fond de la mer.

« Heureusement, le pêcheur ne perdit pas son sangfroid et coupa avec sa hache le membre le plus rapproché de lui.

« Je vous envoie, avec cette lettre, la photographie

Bec de la pieuvre.

Pieuvre.

de ce débris, plus une des ventouses qui y étaient attachées, espérant que le tout vous parviendra en bon état.

« Picot dit que le monstre avait 60 pieds anglais de long et un diamètre de 5 pieds, et que quand il se sentit mutilé, il se retira à reculons, en lançant des matières noires (sépia) qui obscurcirent l'eau (1).

« Les dimensions données par Picot sembleraient exagérées, si le morceau de bras qui a été conservé ne permettait de les corroborer. Ce morceau mesurait 17 pieds de long, le 31 octobre, lorsque je l'ai vu pour la première fois, placé depuis plusieurs jours dans une solution d'eau très salée. Avant d'y avoir séjourné, il avait 19 pieds de long.

« Lorsque Picot débarqua au Havre-Portugal, dans la baie de Conception, à 9 milles de Saint-John, quelqu'un en coupa un morceau de 6 pieds de long, et, comme le pêcheur assure que depuis l'endroit où il donna le coup de hache jusqu'à l'articulation du bras avec le corps, il y avait une distance de 10 pieds, il s'ensuit que ce bras avait 33 à 35 pieds de longueur. Picot ajoute que le bec de la pieuvre était aussi gros qu'un gros baril de harengs secs.

« Le révérend Gabriel, qui habite actuellement au Havre-Portugal, mais qui auparavant résidait à Lamelin, sur la côte sud de Terre-Neuve, me dit que, pendant l'hiver de 1870-71, deux poulpes se sont trouvés pris à marée basse et ont été jetés à la côte, et que l'un mesurait 10 pieds, et l'autre 47 pieds de longueur.

« Picot déclare qu'il a vu très distinctement l'ani-

(1) Le pied anglais vaut 0m,304.

mal encore quelque temps après l'avoir mutilé, qu'il nageait à reculons avec sa queue, et que la couleur générale de cet immense mollusque était violet pâle ou couleur de chair. »

Donnant une description détaillée du morceau du bras tel qu'il était le 31 octobre, M. Murray ajoutait : « Sa grosseur est à peu près celle du poignet d'un homme ordinaire. Vers l'extrémité, le bras s'aplatit et prend la forme d'une rame terminée en pointe. Les ventouses ou suçoirs sont nombreuses et varient de taille. Celles qui occupent la partie en forme de rame sont placées sur deux lignes et beaucoup plus grosses que les autres; elles ont un diamètre d'un pouce et quart chacune. »

M. Marcou faisait suivre l'épître de M. Murray de ces lignes :

« La photographie et la ventouse sont arrivées, et j'ai remis le tout à M. Agassiz, qui pense que cette découverte est d'une grande importance pour l'histoire des mollusques céphalopodes, et qui s'est empressé d'écrire à M. Murray pour avoir des détails plus circonstanciés sur ce véritable monstre marin.

« Les baleiniers ont raconté plusieurs fois que quelques baleines avaient rendu ou dégorgé des morceaux de pieuvres indiquant des êtres qui devaient avoir des proportions énormes. A présent, nous avons un fait indubitable. M. Murray est un géologue bien connu qui, depuis près de trente ans, explore le haut Canada et Terre-Neuve. Habitué à observer et à interroger les travailleurs pour en tirer des renseignements exacts, on peut se fier entièrement à ses descriptions.

« Ainsi, voilà un simple mollusque de l'ordre des céphalopodes, dont les dimensions et les forces surpassent tout ce qu'on aurait pu imaginer.

« D'ailleurs, les fossiles nous ont déjà habitués à ces êtres de dimensions monstrueuses et colossales. »

Le second document consiste en un rapport de capitaine de paquebot publié, en son temps, par les revues scientifiques de Londres. En voici la traduction :

« Nous, John-Keller Webster, de Liverpool, commandant le steamer *Nestor*, de Liverpool, et James Anderson, médecin dudit navire, déclarons et affirmons ce qui suit devant le magistrat anglais de Shangaï, soutenus dans ce rapport par la totalité de nos passagers et de notre équipage.

« Le 11 septembre 1876, à dix heures trente minutes du matin, passant à 15 milles du phare de North-Sand, le long de la côte occidentale de la presqu'île de Malacca, je fus averti par mon troisième officier qu'un écueil apparaissait à 400 yards sur ma ligne de marche. Ces parages n'étaient point nouveaux pour moi, qui suis familier avec la route de la Chine. Or, au point où nous étions, je ne connaissais pas le moindre écueil, et comme nous avions beau temps et mer calme, ma curiosité ne fut pas petite. Ayant regardé dans la direction signalée, j'aperçus une masse qui se mouvait. Plusieurs passagers des cabines avaient en même temps que moi remarqué la présence de cette masse. Des Chinois, que je logeais sur le pont, en reçurent l'impression la plus vive, et par leurs cris, le quart, ainsi que le reste de l'équipage, tout le monde enfin, vint prendre sa part du spectacle.

Oursins.

Après la première surprise, en possession de tout mon sang-froid et ma meilleure lunette sur l'œil, je procédai à l'examen de cet étrange compagnon de route.

« Je marchais à la vitesse de 9 nœuds 3 quarts. Pendant six bonnes minutes le monstre s'avança parallèlement avec une rapidité à peu près égale. Dès lors, impossible de douter que ce ne fût un être vivant. Je me demandai ce que cela pouvait être. Mais, indépendamment de ses dimensions, je n'y retrouvais aucune forme connue. Je compris bien que la partie supérieure seule émergeait et que par conséquent la partie la plus considérable de cette masse était sous l'eau. Dans ce qui émergeait, la tête ou le dessus de la tête, car je ne parvins à en distinguer rien qui fût des yeux ou une bouche, offrait une longueur de 12 pieds et une hauteur de 9. A la suite, mais sans coude ni séparation visible, le corps avait 45 à 50 pieds. Enfin, au bout de ces deux parties, la masse finissait par une queue d'au moins 100 pieds.

« La forme de ce que je pris pour le corps me parut ovale. La queue était cylindrique. Je ne vis ni pieds ni nageoires. Mais la queue se mouvait dans un sens vertical et le dos s'abaissait ou s'élevait de 5 à 10 pieds, selon les ondulations du corps. Lorsque la tête se soulevait, le corps s'enfonçait en proportion. La queue paraissait animée d'une activité indépendante. J'en fus assez près pour voir que le tout était couvert d'une sueur huileuse, et ressemblait à une sorte de gélatine.

« Le corps et la queue présentaient des stries ou raies, alternativement noires et jaunes, celles-ci d'un jaune pâle. J'éprouvai la tentation de pousser le steamer en travers; mais j'eus peur que mon hélice n'en fût embarrassée ou endommagée. Sacrifiant donc ma curiosité à la sécurité de mon navire et de mes passagers, j'allai de l'avant, pensant à ce fameux serpent de mer, qui est le cauchemar ou la toquade des navigateurs américains.

« Comparaison faite avec tout ce que je connaissais, je crus avoir rencontré une salamandre gigantesque; telle est la seule image qui soit restée attachée à mon esprit. L'animal changea enfin de route, me croisa en passant à l'arrière du navire, et je le perdis de vue. »

Quelques années auparavant, une petite goëlette ayant heurté, dans le golfe du Bengale, au large de Madras, un poulpe monstre, fut attaquée par ce poulpe qui faillit la couler, et en 1861, M. Sabin Berthelot, consul de France aux îles Canaries, avait fait parvenir à l'Académie des sciences cette relation concernant un mollusque rencontré par un aviso de l'État entre Ténériffe et Madère :

« Le 2 décembre dernier, l'aviso à vapeur l'*Alecton*, commandé par M. Bouyer, lieutenant de vaisseau, est venu mouiller sur notre rade, se rendant à Cayenne. Cet aviso avait rencontré en mer, entre Madère et Tenériffe, un poulpe monstrueux qui nageait à la surface de l'eau. Cet animal mesurait de 5 à 6 mètres de longueur, sans compter les huit bras formidables, couverts de ventouses, qui couronnaient sa tête. Sa couleur était d'un rouge de brique; ses yeux, à fleur de tête, avaient un développement prodigieux et une effrayante fixité.

« Sa bouche, en bec de perroquet, pouvait offrir près

de 1 demi-mètre. Son corps, fusiforme, mais très renflé vers le centre, présentait une énorme masse dont le poids a été estimé à plus de 2,000 kilogrammes. Les nageoires, situées à l'extrémité postérieure, étaient arrondies en deux lobes charnus et d'un très grand volume.

« Ce fut le 30 novembre, vers midi et demi, que l'équipage de l'*Alecton* aperçut ce terrible céphalopode nageant le long du bord. Le commandant fit stopper aussitôt, et malgré les dimensions de l'animal, il manœuvra pour s'en emparer. On disposa un nœud coulant pour essayer de le saisir ; des fusils furent chargés et des harpons préparés en toute hâte. Mais aux premières balles qu'on lui envoya, le monstre plongea en passant sous le navire, et ne tarda pas à reparaître à l'autre bord. Attaqué de nouveau avec les harpons, et après avoir reçu plusieurs décharges, il disparut deux ou trois fois, et chaque fois remonta quelques instants à fleur d'eau, en agitant ses longs bras. Le navire le suivait toujours ou bien arrêtait sa marche, selon les mouvements de l'animal. Cette chasse dura plus de trois heures. Le commandant de l'*Alecton* voulait en finir à tout prix avec cet ennemi d'un nouveau genre. Toutefois il n'osa pas risquer la vie de ses marins en faisant armer une embarcation que ce monstre aurait pu faire chavirer en la saisissant avec un seul de ses bras formidables. Les harpons qu'on lui lançait pénétraient dans des chairs mollasses et en sortaient sans succès. Plusieurs balles l'avaient traversé inutilement. Cependant il en reçut une qui parut le blesser grièvement, car il vomit aussitôt une grande quantité d'écume et de sang mêlés à des matières gluantes qui répandirent une forte odeur de musc. Ce fut dans cet

Méduses.

instant qu'on parvint à le saisir avec le nœud coulant

mais la corde glissa le long du corps élastique du mollusque, et ne s'arrêta que vers l'extrémité, à l'endroit des deux nageoires. On tenta de le hisser à bord. Déjà la plus grande partie du corps se trouvait hors de l'eau, quand l'énorme poids de cette masse fit pénétrer le nœud coulant dans les chairs et sépara la partie postérieure du reste de l'animal ; alors le monstre, dégagé de cette étreinte, retomba dans la mer et disparut.

« On m'a montré, à bord de l'*Alecton*, cette partie postérieure.

« Je vous adresse un dessin assez exact de ce poulpe colossal, fait par un des officiers de l'*Alecton*. Je dois ajouter que j'ai interrogé de vieux pêcheurs canariens, qui m'ont assuré avoir vu plusieurs fois, vers la haute mer, de grands calmars rougeâtres de 2 mètres et plus de long, dont ils n'avaient osé s'emparer. »

Quant au lieutenant de vaisseau Bouyer, il terminait ainsi le compte rendu de cette aventure dramatique :

« Depuis que j'ai de mes yeux vu cet animal étrange, je n'ose plus fermer, dans mon esprit, la porte de la crédulité aux récits des navigateurs. Je soupçonne la mer de n'avoir pas dit son dernier mot, et de tenir en réserve quelques rejetons de ses races éteintes, ou bien encore d'élaborer, dans son creuset toujours actif, des moules inédits pour en faire l'effroi des matelots et le sujet des mystérieuses légendes des océans. »

Nous eûmes l'occasion de causer, à Venise, en 1866, avec un officier de l'*Alecton* alors embarqué sur la *Provence*, qui stationnait à l'entrée des lagunes à l'occasion de la rétrocession de la Vénétie, et son récit

Mitre.

confirma pleinement celui de M. Berthelot. D'après cet officier, le poulpe en question, corps et bras compris, devait peser 3,000 kilogrammes; son attitude était très agressive, et si l'on eût mis une chaloupe à l'eau pour le poursuivre, tout blessé qu'il était, il aurait entraîné cette chaloupe avec lui.

N'en est-ce point assez pour établir que l'Océan nourrit des monstres sur lesquels on n'a que des données imparfaites?

La mer abonde aussi en animaux admirables de formes et de couleurs.

Voyez ces jolies méduses au chapeau en ombrelle et dont la chair gélatineuse a le ton de l'eau troublée par un nuage d'anisette; ces gracieuses agalmes rouges, si communes dans les parages de Nice, longues et fines guirlandes transparentes; ces astérophytons verruqueuses, véritables disques de dentelle; ces poissons au corps élégant qu'on sert sur toutes les tables, si délicieusement habillés de blanc d'argent, de vert et parfois de l'ensemble des couleurs de l'arc-en-ciel; regardez ces coquillages aux spirales ciselées: troques, turritelles, cônes, porcelaines, volutes, olives, mitres, casques, pourpres, tritons, cérites, patelles, etc., et qui paraissent avoir emprunté leur coloris aux tons les plus beaux des spectres célestes, et vous conviendrez que la faune marine a peu de chose à envier à la faune terrestre.

Et quelle source de prospérité pour l'homme dans la multitude de ces êtres si différents! Le poulpe et le requin même sont mangeables. Quelques poissons, à défaut de chair comestible, fournissent à l'industrie de la peau, de l'huile, de l'ivoire; quelques mollusques, les pintadines perlières, lui donnent de la nacre et des perles, et l'on dirait que chaque espèce de l'Océan doit

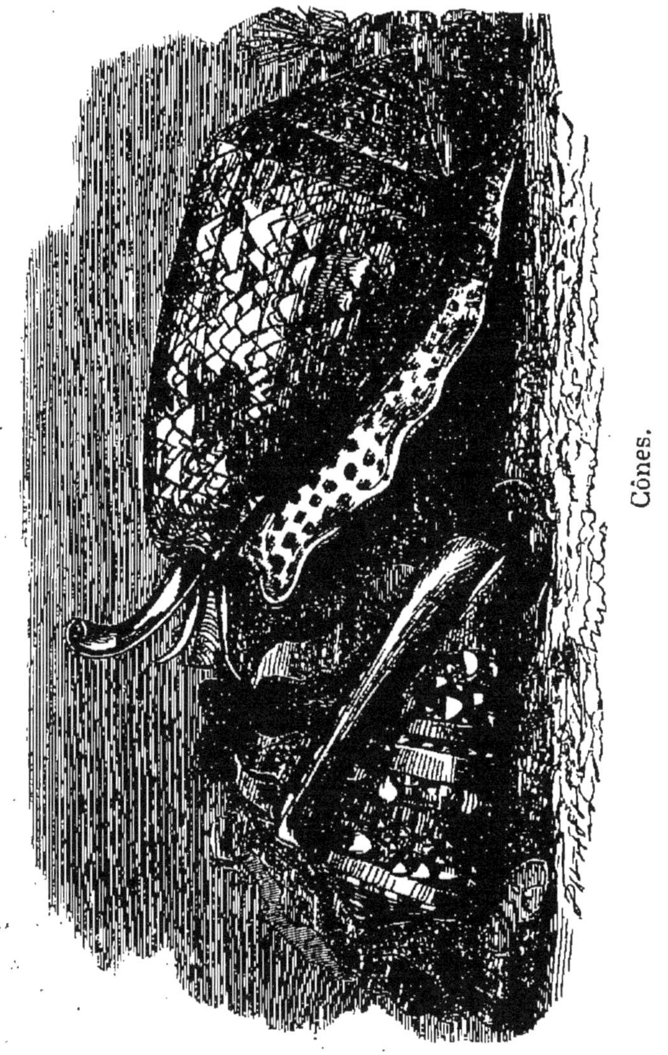

Cônes.

payer son tribut au roi de la création, celle-là en gros sous, celle-ci en monnaie d'argent, cette autre en pièces d'or ou en diamants.

IX

LES INFINIMENT PETITS

Activité et fécondité des petits habitants de la mer. — Paris construit en coquillages. — Les zoophytes. — La phosphorescence de la mer. — Le pétrole. — Les spongiaires. — Les spongiaires sont-ils dépourvus d'intelligence ? — Les éponges. — L'éponge de Syrie. — Les animalcules marins adonnés à l'architecture. — Le corail et André de Peysonnel.

Les infiniment petits ne sont pas les moins intéressants des habitants de la mer. Prolifiques au delà de toute expression, remuants, doués d'une ténacité inébranlable, ils représentent au suprême degré la vie marine. Sans cesse en mouvement, méprisant le repos, leur activité dévorante est telle que ne trouvant pas, dans les occupations des peuplades océaniques, de carrière à la hauteur de leur énergie, ils se sont faits les architectes et les maçons du lit marin, et que jour et nuit, les uns fournissant les pierres de taille avec leurs coquilles, les autres le ciment avec leurs sécrétions gélatineuses, calcaires ou siliceuses, d'autres le dessin, la sculpture, la couleur avec leurs corps, ils bâtissent des monuments auprès desquels les trois pyramides de Gizeh, dont les débris suffiraient cependant à élever à travers l'Afrique une muraille de 3 mètres de hauteur, de 30 centimètres de largeur et de 5,600 kilomètres de longueur, sembleraient des grains de sable.

Pyramides de Gizeh.

Les bancs de pierre du département de la Seine et des départements voisins, d'où l'on tire depuis si longtemps les gros matériaux des maisons de Paris, ont été formés par les milioles, mollusques de la grosseur d'un grain de millet, d'où leur nom, à l'époque où les flots recouvraient ces parties de la France. Notre capitale est donc construite en coquillages presque invisibles, agglomérés et agglutinés.

Sublime spectacle de la nature : ce sont les plus petits qui produisent les plus grandes choses!

On croirait, en admirant l'œuvre colossale des zoophytes, que le Créateur a voulu, par l'exemple de ces animalcules industrieux, placer le travail au-dessus de tout en montrant ce que peut la faiblesse secondée par le courage et l'intelligence.

Souvent, dans les régions chaudes, ou l'été dans les régions tempérées, les microscopiques enfants des mers apparaissent à la surface de l'eau en masse gluante; alors, dans la nuit, comme les lucioles, comme les fulgores porte-lanterne de la Guyane et les cucuyos du Brésil, ils projettent des lueurs phosphorescentes qui illuminent les vagues.

Lorsqu'ils donnent ces fêtes nautiques, les navires, disent les marins, voguent sur une mer de lait ou de neige, et l'éclat de leur clarté est si vif qu'on l'a comparé à celui de l'électricité.

En 1867, à Palerme, un soir de juillet, pendant une promenade en barque, nous parvînmes, sans trop de difficulté, à lire un fragment de journal à la lueur des infusoires que les frappements des rames de nos bateliers irritaient et qui, sur l'étendue assombrie du golfe fortement chauffée par le soleil durant la journée, brillaient d'une façon magique sous le ciel étoilé et sans lune.

Comment les animalcules marins n'émettraient-ils

oint de lumière? Des géologues contemporains n'ont-

Éponges.

ils pas découvert que les sources de pétrole qui

jaillissent aux États-Unis et dans tant d'autres pays sont produites par la décomposition et la graisse de corpuscules océaniques entassés dans le sol en couches immenses? De tels producteurs d'huile minérale ne peuvent pas demeurer dans l'ombre, et il est naturel qu'ils s'offrent, de ci, de là, une illumination à giorno.

La phosphorescence de la mer n'est pas due aux microzoaires seuls; elle provient aussi de méduses, d'astéries et d'autres animaux analogues. Dans ce dernier cas, l'éclairage argenté se change en un feu d'artifice où les lueurs bleues, rouges ou vertes se mêlent à l'écume neigeuse étincelante de la crête des vagues, et le spectacle devient féerique.

Au nombre des constructeurs de la mer, il faut citer les Spongiaires, considérés comme occupant le degré le plus bas de l'animalité.

Le plus bas, en est-on bien convaincu? Quoi, ces zoophytes qui produisent les éponges si fines dont nous nous servons, véritables joyaux industriels, seraient dépourvus de cervelle? Nous hésitons à l'admettre.

L'éponge est un estomac sans bras, affirme l'un; l'éponge n'est qu'une matière gélatineuse, prétend l'autre; et voilà le problème résolu! Personnellement, nous croyons que les nombreuses républiques de spongiaires qui s'établissent dans les eaux chaudes et tranquilles, à des profondeurs de 5 à 30 mètres, pour y édifier, sur des rochers, ces habitations sans pareilles, si utiles à notre toilette, que des plongeurs arrachent péniblement ensuite, ne sont pas plus dépourvues de génie que les républiques de tisserands qui, en Afrique, suspendent au-dessus de l'eau, aux branches des mimosas ou des jujubiers, les magnifiques nids où elles vivent.

A l'œil nu, les spongiaires ne sont, en effet, que des corpuscules de gelée transparente organique, privés des attributs les plus rudimentaires de la bestiole, et habitant une demeure rappelant celle de l'abeille, composée de réseaux susceptibles de s'étendre et de se contracter, dont chaque cellule est une partie d'eux-mêmes, et dans les débris de laquelle on cherche vainement une organisation animale suffisante. Mais lorsqu'on examine cette construction parfaite qui tantôt a la forme d'un vase antique de 2 mètres de hauteur, *la coupe de Neptune*, tantôt celle d'une main ouverte, *le gant de Neptune*, ou d'autres formes arrondies également belles, on accepte difficilement que ses architectes soient inférieurs à tous les êtres.

L'art étant l'expression la plus certaine et la plus élevée de l'intelligence, il n'est pas permis de classer parmi les manœuvres inconscients et stupides des artistes tels que les spongiaires.

Les éponges sont infiniment variées, et leurs auteurs appartiennent à des espèces diverses dont l'éducation artistique n'est pas poussée au même degré. Les unes ont un tissu grossier, une teinte rougeâtre et ne sont employées que pour le lavage des vitres et des carreaux; les autres, moins rudes, et d'un travail plus achevé, servent comme éponges de toilette des petites bourses; quelques-unes, composées d'alvéoles siliceux, ne possèdent ni flexibilité ni élasticité et se brisent ainsi que le verre; quelques autres sont les éponges de luxe, délicates, légères, couleur d'or, d'une finesse et d'une régularité exquises, véritables objets d'art.

On pêche les éponges dans toutes les mers intertropicales où le fond est favorable, et jusque dans la Méditerranée, où l'on en trouve en abondance sur les côtes des îles grecques et sur la côte de Syrie.

L'éponge de Syrie, que des plongeurs vont chercher à 20 brasses sous l'eau, est le chef-d'œuvre des spongiaires méditerranéens. D'un blond tendre, tissée avec symétrie et harmonie, légère, moelleuse, veloutée, arrondie, elle a toutes les qualités du genre (1).

Quatre ou cinq cents bateaux montés par deux mille cinq cents ou trois mille hommes, partent chaque année, en mai, de Latakié, de Batroun, de Tripoli, de Kalki, de Symi, de Kalymnos, pour revenir en octobre chargés d'éponges syriennes. Et cependant, malgré cette récolte périodique, presque toujours vandalique, durant laquelle ils sont décimés, abîmés, détruits par le couteau ou le harpon, les spongiaires restent fidèles à la côte de Syrie, qu'ils aiment parce qu'elle est leur patrie, et se reforment au même endroit.

Quel enseignement pour l'homme que le courage, l'énergie, la confiance, la foi de ces vaillants animalcules!

La classe des insectes de la mer adonnés à l'architecture, le grand art, est divisée en tribus qui, par moments, se réunissent pour construire ces tours de Babel sous-marines, sur lesquelles poseront, quelque jour, des continents nouveaux; mais dont aucune ne craint d'exercer séparément.

(1) Les dragages du *Talisman* et du *Travailleur*, en 1883, ont prouvé, contrairement à l'assertion de beaucoup de naturalistes, que les spongiaires vivent à des profondeurs bien supérieures à vingt brasses.

C'est ainsi que les gorgones modèlent ces jolies ramifications arborescentes, semblables à des feuilles desséchées ou à des rameaux de bruyère ou de cyprès ; que les oculines flabelliformes des eaux de l'île Bourbon tressent les arbustes en éventail qui caractérisent leur manière ; que les polypes du corail élèvent, dans la Méditerranée, ces forêts aux arbrisseaux pierreux dont les branches rouges ou roses servent à la parure des femmes méridionales.

La découverte de l'animalité du corail date de la première moitié du dix-huitième siècle, et c'est un Marseillais, docteur en médecine, Jean-André de Peysonnel, qui eut la gloire de la faire.

On ne crut pas d'abord ce modeste savant et on se moqua de lui, l'Académie des sciences, Réaumur et Bernard de Jussieu en tête. Peysonnel avait raison pourtant ; mais dans notre société où la jalousie, l'ambition, la vanité et l'égoïsme dirigent les actions de tant d'individus, il n'est pas permis à tout le monde de proclamer la vérité.

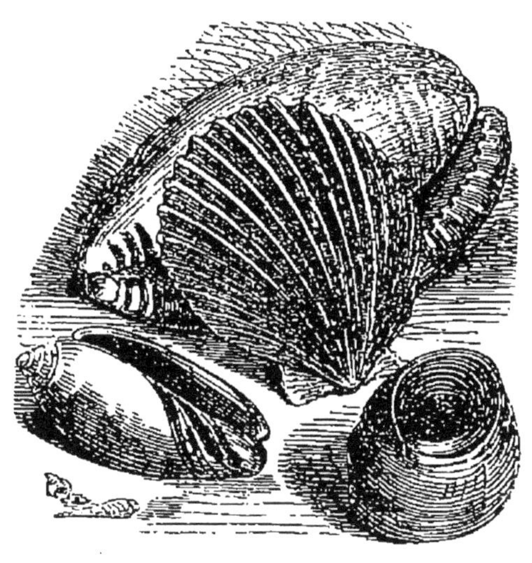

X

LES FAISEURS D'ILES

Les madrépores. — La région qu'ils préfèrent. — Leur mode d'action. — Leurs constructions. — Croissance des bancs madréporiques. — Ages de quelques-uns de ces bancs. — La mer de corail. — Le naufrage du *Saint-Paul*. — Massacre de trois cent dix-sept Chinois. — Boucherie infernale. — Deux savants anglais. — Une gigue tragique.

Les plus surprenants, sinon les mieux doués des architectes, des ingénieurs, des maçons, des sculpteurs microscopiques des mers, sont les madréporaires ou madrépores, surnommés les faiseurs d'îles, qui bâtissent, à l'aide d'autres zoophytes qu'ils embauchent sans exiger d'eux des certificats d'origine et en se servant comme gravats de remplissage de tous les matériaux à leur portée : coquilles de mollusques, carapaces d'oursins, sable, etc., ces digues, ces plateaux calcaires devant lesquels l'homme s'arrête stupéfié, et qu'on croirait destinés à combler l'Océan.

Les polypes constructeurs, plus encore que les autres zoophytes, recherchent les eaux tièdes, et ne s'établissent jamais dans les mers traversées par des courants froids. Frileux, aimant la chaleur et la clarté, ils ne travaillent que sur des bas-fonds éclai-

Madrépores.

rés par le soleil, et se hasardent rarement au delà des tropiques.

La région qu'ils préfèrent et où ils se multiplient le plus est la partie de l'océan Indien et du Pacifique comprise entre l'Arabie et Madagascar d'une part, et l'extrémité de la Polynésie de l'autre. Là, le feu central, de bas en haut, au moyen d'une infinité de cheminées, le soleil, de haut en bas, par ses rayons brûlants, donnant à l'eau une température douce, ils sont dans les meilleures conditions d'existence.

Leur système, commun du reste à tous les zoophytes bâtisseurs, à tous les mollusques qui ont besoin d'une coquille, est simple : ils s'emparent de la silice, du carbonate de chaux et de la potasse apportés à la mer par les alluvions des fleuves, se les assimilent, et ainsi transformés en briques vivantes, si nous pouvons nous servir de ce terme, et soutenus par la houle qu'ils aiment et recherchent, s'entassent avec méthode, la gélatine qui compose leur chair leur servant de mortier pour se souder indissolublement les uns aux autres, et élèvent de la sorte, peu à peu, leurs splendides bancs.

Les tempêtes qui déchaussent les jetées construites par les hommes ébrèchent à peine ces solides assises dotées de la force de résistance nécessaire aux fondations de terres futures.

Les madrépores, ayant besoin d'une température de 19° centigrades au moins, n'ont garde de s'aventurer dans des gouffres, où ils périraient de froid ; ils commencent leur œuvre à des profondeurs variables ne dépassant point 50 mètres, et la continuent jusqu'à fleur d'eau, où ils l'abandonnent aux vents, aux

Navire se perdant sur des récifs de corail.

courants et aux oiseaux destinés à la parachever.

Quand le pied de cette œuvre s'enfonce dans la mer au-dessous de 50 mètres, c'est que le sol sur lequel il s'étale s'est graduellement affaissé ; quand le faîte de la muraille coralligène se dresse en montagne au-dessus du flot, c'est que le sol a été soulevé. Dans le Pacifique et l'océan Indien, ces deux cas sont communs en raison de la nature volcanique du lit marin.

Les bancs madréporiques croissent lentement, car si les ouvriers qui les bâtissent sont infatigables et innombrables, ils sont également petits, petits, tandis que leur besogne est grande, grande.

En général, on estime que cette croissance est de 3 millimètres par an ou 30 centimètres par siècle. Ce chiffre accepté, plusieurs massifs coralliens du Pacifique auraient trois cent mille ans, et ceux de la Floride huit cent soixante-quatre mille ans pour les bancs élevés de l'est à l'ouest, et cinq millions quatre cent mille ans pour les bancs bâtis du nord au sud.

Ces âges respectables prouvent que le temps, qui use tant de choses et tant de peuples, n'a point de prise sur les zoophytes, et que rien n'arrête ces animalcules dans l'accomplissement de leur tâche.

Un tiers de la mer Rouge est encombré de canaux qui ne laissent à la grande navigation qu'un chenal dont la largeur, en bien des endroits, n'a pas plus de 100 kilomètres. Ce n'est qu'avec des précautions infinies que les bateaux d'un faible tonnage peuvent louvoyer le long du littoral, où, à travers l'eau transparente, à 20 ou 30 mètres de profondeur, on voit les rameaux éclatants des zoophytes, rameaux qu'on croirait ornés des pierres précieuses les plus brillantes.

Des milliers d'écueils coralligènes de la côte arabe ou de la côte africaine, poussés hors de l'eau par une puissance invisible, et qui sont devenus des îlots ou ont été rattachés à la terre ferme, indiquent ce que sera plus tard l'œuvre des polypiers du golfe arabique.

Dans le Pacifique, les madrépores ont construit deux cent quatre-vingt-dix grandes îles, des milliers d'îlots et de récifs, et une barrière de plus de 400 lieues de longueur, sur 12 lieues de largeur en moyenne, qui borde l'Australie du Queensland au cap de York, et dont les ramifications, vers la Nouvelle-Calédonie et vers la Nouvelle-Guinée, ont reçu le nom de mer de corail, et tout permet de supposer, d'après ce qui se passe sous nos yeux, que dans trois ou quatre millions d'années, à une époque où les vagues auront rongé le territoire de l'Angleterre et où la mer recouvrira la place où brille aujourd'hui l'empire britannique, les archipels de la Malaisie et ceux de la Mélanésie ne formeront plus avec l'Australie qu'un continent.

La mer de corail, jusqu'au détroit de Torrès, n'est qu'une succession de récifs au milieu desquels apparaissent quelques îles coralligènes verdoyantes et où la navigation est exceptionnellement dangereuse, surtout par les ouragans. Le navire qui échoue dans ces parages est aussitôt attaqué par des troupes de sauvages féroces et cannibales dont il devient la proie.

En 1858, le trois-mâts *le Saint-Paul*, parti de Hong-Kong pour Sydney, avec trois cent dix-sept passagers chinois et quatre-vingt-dix européens, hommes d'équipage et autres, s'étant perdu sur un récif de l'archipel Salomon, fut assailli par les naturels de l'île Rossell qui le pillèrent, le démolirent et massacrèrent et mangèrent ceux qu'il transportait, sauf sept Français sauvés par miracle, et recueillis par le schooner anglais *Prince of Danemark*.

Emmenés dans l'île Rossell, les trois cent dix-sept Chinois y périrent de cette manière horrible : jetés un à un sur un tronc d'arbre renversé servant de billot, ils y eurent la tête sciée, et les bourreaux se partagèrent les lambeaux palpitants de leurs corps. Quelques sauvages, tenant par la queue les têtes des décapités, s'amusèrent à lancer ces têtes en l'air et à jongler avec.

Plus défiants que les Chinois, pourvus de trois ou quatre fusils, de quelques barils de farine mouillée et d'une centaine de livres de lard, les Européens s'étaient réfugiés sur un îlot, à 2 kilomètres de l'île, et s'y maintenaient en attendant un secours providentiel ; la faim et le manque de munitions les engagèrent à céder aux sauvages qui leur promettaient hypocritement de les bien traiter, et ils allèrent, eux aussi, en pirogue, sur l'île Rossell.

Les indigènes les embarquèrent trois par trois, pour être plus certains d'en avoir facilement raison, les conduisirent dans un endroit désigné, et là, aidés d'autres tigres de leur espèce, les dépouillèrent de leurs vêtements, les lièrent solidement, les frappèrent à coups de massue et de bâton, pour amollir préalablement leur chair, ensuite les saignèrent et les dévorèrent. Les détails de cette boucherie infernale parvinrent en Europe en 1859 et y produisirent une profonde sensation.

Vingt ans avant le naufrage du *Saint-Paul*, en 1838,

Gorgone tubipore et Coraux.

une singulière aventure était arrivée, à peu de distance du cap York, à deux savants faisant partie de l'équipage du *Beagle*, navire fameux dans l'histoire des circumnavigations et des découvertes géographiques du XIXe siècle.

Un jour, les savants en question, M. Fitzmaurice et M. Keys, étaient imprudemment allés en barque, au fond d'une anse du golfe de Carpentarie pour y comparer les boussoles et en noter les déclinaisons, et y avaient travaillé pendant trois ou quatre heures, sur un emplacement sablonneux que couronnaient des escarpements rocheux. La nuit approchant, ils songeaient à retourner à bord lorsqu'ils se virent entourés par une bande de noirs armés qui, debout sur les escarpements en question, parlèrent avec volubilité, gesticulèrent, roulèrent des yeux farouches et témoignèrent une envie non équivoque de les manger.

Désarmés et à la merci des cannibales, les deux Anglais allaient infailliblement être tués quand M. Fitzmaurice eut une idée lumineuse et bizarre.

— Fuir est impossible, dit-il à mi-voix à M. Keys, qui lui proposait de tenter une trouée ; dansons et rions.

Et il se mit à danser, à chanter et à rire devant son compagnon surpris, qui le crut devenu subitement fou.

— Dansez donc ! dansez donc ! répéta-t-il bientôt à M. Keys qui se tenait les bras ballants.

A tout hasard, ce dernier obéit et entama un pas de gigue.

A ce spectacle inattendu, les Australiens abaissèrent leurs javelots et leurs boomerangs, regardèrent les danseurs, s'amusèrent de leurs contorsions, et s'as-

Mégapode tumulaire.

sirent sur les rochers pour mieux jouir du divertissement que leur offrait le hasard.

— Où sont nos fusils? demanda M. Fitzmaurice à

son ami, sans cesser de gigoter, et entre deux phrases d'une chanson.

— A trente pas, vers la gauche, répondit de même M. Keys.

— Tant pis ; c'est à l'opposé de notre barque.

— Dois-je aller les chercher ?

— Non. Continuez à danser. Approchons-nous, sans en avoir l'air, de nos armes. Pas si vite! Prenez garde ! Essayons d'une ronde.

Voyant que les Anglais tendaient à s'éloigner, plusieurs sauvages se relevaient afin de leur barrer le passage.

— Revenons à nos instruments, soupira M. Fitzmaurice : patience !

M. Keys était en nage.

— Si nous en réchappons, lui dit M. Fitzmaurice en multipliant les entrechats, je suis persuadé que vous vous rappelerez notre danse.

— Comment pourrais-je l'oublier, repartit M. Keys, Mais nous n'en réchapperons pas. Je suis épuisé.

— Du courage! N'avez-vous pas laissé une fiancée à Newport? dansez pour votre fiancée, Keys. Et la reine ? Dansez pour la reine. Et notre cher pays ? Dansez, dansez pour la vieille Angleterre.

Tout à coup, une détonation d'arme à feu retentit près du rivage. Les sauvages se dressèrent tumultueusement, croyant à une attaque ; les deux Anglais profitèrent de ce mouvement pour fuir à toutes jambes vers leur barque qu'ils atteignirent, essoufflés, à l'instant où les Australiens, revenus de leur émotion, les poursuivaient en leur lançant des pierres et des javelots.

Atolls annulaires.

Le coup de fusil, auquel ils devaient d'avoir pu se sauver, avait été tiré par un officier du *Beagle* qui, dans un canot monté par quatre matelots, chassait, près de là, des mégapodes tumulaires.

MM. Fitzmaurice et Keys ont raconté, dans tous ses détails, leur invraisemblable exploit chorégraphique du golfe de Carpentarie.

On pourrait conclure de ce qui précède, que les madrépores sont les alliés et les pourvoyeurs des anthropophages. En réalité, ils servent ces derniers et leur procurent des festins affreux ; mais comme c'est inconsciemment qu'ils le font, on aurait tort de leur crier raca pour cela.

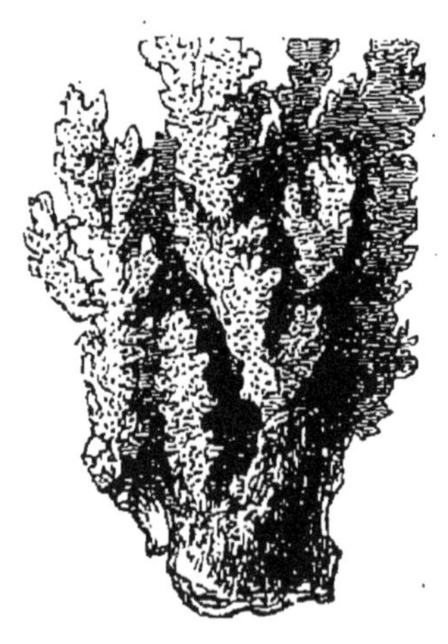

XI

LES ATOLLS

Les récifs annulaires. — Les Maldives. — Formation des atolls. — L'île Keeling, d'après Darwin. — Puissance du travail et de l'union.

Parmi les plus surprenantes constructions des zoophytes, les récifs annulaires connus sous le nom d'*atolls* occupent le premier rang.

Ces récifs ont la forme d'un cercle ou d'un ovale au centre duquel est un bassin communiquant avec la mer par plusieurs canaux. Il existe des atolls dont le diamètre n'a guère que 2 kilomètres, d'autres ont 25 à 30 lieues de tour, avec des murailles de 5 à 600 mètres de largeur. Le Pacifique et l'océan Indien possèdent des centaines de ces cirques aquatiques. Les Maldives, au sud de l'Hindoustan, dont le souverain s'intitule : sultan des 12,000 îles (on a compté dans l'archipel 12,000 récifs madréporiques, sur lesquels une cinquantaine sont habités), en renferment qui passent pour être le dernier terme de l'art architectural des zoophytes.

Ainsi que toutes les îles coralligènes, les atolls parviennent à se couvrir de végétation et, par suite, à se peupler. Dès qu'ils sont sortis de l'eau, dès que l'œuvre des madrépores a reçu son couronnement, le travail des vagues, des courants, des vents et des oiseaux commence. Les premières ajoutent à la muraille du récif du sable et des débris d'animaux, les seconds lui apportent des bois, des varechs, des êtres vivants réfugiés sur des épaves flottantes, les troisièmes des poussières et des semences, les quatrièmes des graines non digérées qui germent vite sous le soleil tropical.

Lorsque l'anneau corallien est garni d'une quantité suffisante de ces choses, les plantes le couvrent de verdure, le cocotier y balance, au souffle de la brise, son beau chapiteau de feuilles pennées, une famille de sauvages y aborde un jour, en pirogue, et voilà l'atoll entré dans l'histoire de l'humanité.

Darwin, en parlant de l'île des cocos, au sud de Sumatra, a fait du récif annulaire une description qui a sa place dans ce chapitre.

« Le 1er avril (1838), dit l'illustre naturaliste, nous arrivions en vue de l'île Keeling ou des cocos, à environ 240 lieues de la côte de Sumatra. C'est une de ces îles de coraux qu'on nomme atolls. Le cercle de récifs qui forme la lagune est couronné, dans presque toute son étendue, d'une guirlande d'îlots très étroits qui, au nord, sous le vent, laissent un passage aux bâtiments pour pénétrer à l'intérieur du mouillage. Dès l'entrée, le spectacle est ravissant. L'eau, calme limpide, transparente, peu profonde, repose sur un lit blanc, uni, fin. Le soleil, dardant des rayons verticaux sur cette immense plaque de cristal de plusieurs milles de largeur, la fait resplendir du vert le plus éclatant; des lignes de brisants frangées d'une éblouissante écume la séparent des noires et lourdes vagues de l'océan et les festons réguliers et arrondis des cocotiers, épars sur les îlots, se détachant sur la voûte azurée du ciel, achèvent d'encadrer ce miroir d'émeraude, tacheté çà et là par des lignes de coraux vivants.

« Le lendemain au matin, j'étais sur la rive de l'île de la Direction, bande de terre ferme, large à peine de quelques centaines de mètres. Une blanche marge calcaire, d'une réverbération fatigante sous cet ardent climat, la sépare de la lagune; à l'extérieur, elle est défendue par un rebord large et plat en roche de corail solide, qui apaise et arrête la violence de la haute mer. Sauf quelques sables, près de la lagune, le sol n'est qu'une accumulation de fragments de coraux arrondis, et il faut le climat des régions intertropicales pour produire une végétation vigoureuse sur ce terrain désagrégé, sec et rocailleux. Rien de plus élégant néanmoins, que les cocotiers vieux et jeunes, dont les palmes vertes s'unissent au-dessus de féeriques petits îlots qui les encadrent d'un anneau de sable argenté.

« L'histoire naturelle de ces îles est curieuse, grâce à son indigence même. C'est tout au plus si trois ou quatre espèces d'arbres semés par les vagues se mêlent aux bouquets des cocotiers, et une seule de ces espèces offre un bon bois de construction. Une *guilandina* croît sur l'un des îlots, et ma collection d'une vingtaine de végétaux, dont dix-neuf appartiennent à différents genres et à moins de dix familles, doit renfermer à peu près toute cette modeste flore. Du côté du vent, le ressac jette des semences et des plantes; M. Keating, qui a résidé un an sur ces écueils, cite le kimiri, natif de Sumatra et de la péninsule de Malacca, la noix de coco de Balci, que distinguent sa forme et sa grosseur; le dadass, que les Malais plantent avec la vigne vierge; le savonnier, le ricin, des troncs de palmier sagou, diverses graines, des masses de tecks de Java et de bois jaune, de grands cèdres rouges ou blancs, le gommier bleu d'Australie, et jusqu'à des canots de Java. La liste des animaux terrestres est plus bornée encore que celle des végétaux. Quelques rats ont été apportés de l'île Maurice sur un navire naufragé, et les seuls oiseaux de terre sont une bécasse et un râle. Les échassiers, après les palmipèdes, sont les premiers colons de ces régions lointaines. En fait de reptiles, je n'ai rencontré qu'un petit lézard, et à part les araignées qui sont nombreuses, je n'ai pu recueillir que treize espèces d'insectes, dont un coléoptère. Enfin, sous des blocs isolés de corail, pullule une petite fourmi.

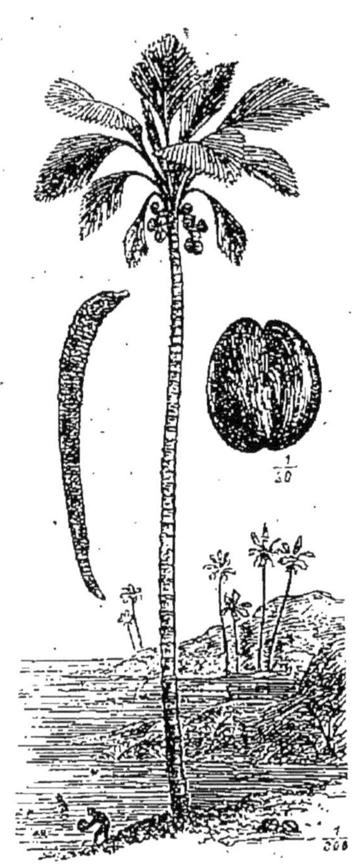

Cocotier de Balci et son fruit.

« Mais si, de cette terre stérile, nous reportons nos

regards vers la mer, nous y verrons affluer la vie. Il y a de quoi s'enthousiasmer à contempler le nombre

Crabes de lerre.

infini d'êtres organiques dont regorgent les mers tropicales ; de beaux poissons verts et de mille teintes chatoient dans les creux, dans les grottes, et les couleurs de plusieurs zoophytes sont admirables.

« Les longues et étroites bandes de terre qui forment les îlots s'élèvent seulement à la hauteur où le ressac peut lancer des fragments de coraux, où le vent peut entasser des sables calcaires. Au dehors un rebord de corail plat et solide brise la première violence des flots, qui autrement balayeraient ces écueils et tout ce qu'ils produisent. Ici, l'océan et la terre semblent se disputer l'empire : si celle-ci commence à prendre pied, les citoyens de l'onde maintiennent leurs droits antérieurs.

« De tous côtés on voit diverses espèces du crabe ermite promener sur leur dos la coquille dérobée à la plage voisine; des frégates, des fous, fixent sur vous leurs yeux stupides et colères, planent dans l'air, surchargent les branches des arbres, infestent les bois de leurs nids. Parmi cette population ailée, je n'ai distingué qu'une charmante créature, une mignonne hirondelle de mer d'un blanc de neige...

« Le 6 avril, j'accompagnai le capitaine au bout de la lagune : le chenal y tournoie entre des coraux délicatement ramifiés. Là, nous traversâmes l'étroit îlot pour voir du côté du vent, la large mer se briser sur la côte. Je ne puis dire pourquoi ni à quel point ce spectacle me parut imposant. Ces élégants cocotiers, ces lignes de verdoyants buissons, cette marge plate, infranchissable barrière, semée de blocs épars, enfin, cette frange de vagues écumantes qui se ruent à l'entour des récifs, me remplirent d'émotion. L'océan, comme un invincible et tout-puissant ennemi, lance ses flots, et il est repoussé, vaincu, par les moyens les

Polypes.

plus simples. Ce n'est pas qu'il épargne les roches de corail, dont les gigantesques fragments jetés sur la plage proclament sa puissance; il n'accorde ni paix ni trêve; la longue houle enflée par le doux mais incessant travail des vents alizés, soufflant toujours d'une même direction sur cet espace immense, soulève des vagues presque aussi hautes que celles qu'accumulent les tempêtes de nos zones tempérées. On reste convaincu, à voir leur incessante rage, que l'île du roc le plus dur, de porphyre, de granit, de quartz, serait démolie par cette irrésistible force, tandis que ces humbles rives demeurent victorieuses. Un autre pouvoir a pris part à la lutte. La puissance organique s'empare un à un des atomes de carbonate de chaux et les sépare de la bouillonnante écume pour les unir dans une symétrique structure.

« Qu'importe que l'ouragan arrache par milliers d'énormes blocs de rochers! que peut-il contre le travail incessant de myriades d'architectes à l'œuvre nuit et jour? Nous voyons ici le corps mou et gélatineux d'un polype, vaincre par l'action des lois vitales le formidable pouvoir mécanique des vagues de l'océan, auquel ne résisteraient ni l'art de l'homme ni les ouvrages inanimés de la nature. »

Admirable effet de la persévérance et de l'union jointes à l'intelligence, et où trouver une plus belle leçon que celle donnée par ces êtres informes, à peine visibles, qui grâce à leur concorde et à leur courage accomplissent, à travers les âges, les œuvres les plus grandes et les plus durables que produise le travail sur le globe!

XII

LES PLUIES

L'eau indispensable à la terre. — Sa transformation en vapeur. — Sa condensation en nuages. — La grande usine des pluies. — Les couches de nuages. — Brouillards. — La répartition des pluies. — Eau douce à la surface de la mer. — Sort de l'eau pluviale. — Formation des nuages. — Un défilé fantastique. — Le grain. — Ce que valent les pluies.

Comme toutes les forces de la nature, la mer a des moments pendant lesquels on croirait qu'elle va tout engloutir, tout anéantir; pourtant, malgré ses colères épouvantables, malgré les ravages qu'elle fait, les ruines et les deuils qu'elle cause, il faudrait, si elle n'existait pas, l'inventer au cas où on le pourrait, tellement elle est indispensable.

C'est elle qui donne l'eau, l'eau douce aussi bien que l'eau salée, et l'eau c'est tout sur la terre, même le vin.

Grâce à l'eau, le sol de la sphère, au lieu d'être stérile, est fertile, se couvre de forêts, de prairies, de champs où se balancent, l'été, les épis d'or du blé, et où peuvent vivre les animaux et l'homme.

C'est sous la forme de pluies et avec le concours du soleil et des vents, que la mer paye son riche tribut à la terre.

Le soleil aspire en vapeur l'eau marine ; les vents condensent cette vapeur et la changent en nuages qui, distribués de part et d'autre, se résolvent en gouttelettes, et les campagnes sont arrosées et fécondées.

Dans le régime des pluies, les vents jouent un rôle capital.

Si l'atmosphère était tranquille, dès qu'elle serait saturée d'humidité elle rejetterait, à la place même où elle l'aurait bue, l'eau qu'elle ne pourrait plus supporter, et la terre ne tirerait aucun bénéfice de cette opération physique; mais les vents emportant au fur et à mesure les vapeurs aquifères qu'elle emprunte à la mer, il lui est loisible de se gorger indéfiniment de liquide. Il en résulte que plus les courants d'air sont violents au-dessus de l'océan, plus la dispersion de l'évaporation est rapide. L'atmosphère est, de la sorte, le tonneau des Danaïdes, puisqu'elle perd d'un côté ce qu'elle a engouffré de l'autre.

La grande usine des pluies est la région intertropicale, où le soleil est continuellement en travail; néanmoins, les nuages se forment de l'équateur aux pôles, suivant les courbes des lignes isothermes, car partout où l'air sec lèche l'océan, il prend de l'eau.

La hauteur à laquelle se condensent les vapeurs oscille selon la température et les vents ; celle à laquelle se maintiennent les nues dépend de ces derniers.

Il n'est pas rare de voir, par un temps calme, des couches de nuages s'étager dans l'atmosphère à perte de vue; dans ce cas, c'est la couche la plus basse qui, en se vaporisant, crée la seconde strate laquelle, à son tour, par le même mécanisme, produit la troisième. Les courants et contre-courants aériens activent et augmentent ces superpositions.

La densité de chaque couche nuageuse n'est pas uniforme. Certaines assises sont ténues comme la gaze ; d'autres, presque noires, ont 500 mètres d'épaisseur ; et il advient que les étages de nuées montent, sur un même point, dans l'espace, jusqu'à 11 ou 12,000 mètres, à partir de 200 mètres du sol ou du niveau marin.

C'est alors que la moindre molécule de vapeur supplémentaire, ou le plus faible heurt atmosphérique, suffit pour déterminer la chute de l'eau vaporisée en pluie simple ou torrentielle.

Quand les nuages, au lieu de planer dans l'air, tombent jusqu'à terre ou jusqu'à la surface marine, refoulés par des vents froids, phénomène fréquent dans les contrées boréales, ils forment des brouillards. Brouillard et nuage sont donc synonymes, avec cette différence que le brouillard est un nuage pressé contre le sol, et le nuage un brouillard suspendu dans les couches aériennes.

La répartition des pluies, quoique dépendant des vents, a une régularité qui est une nouvelle preuve de l'harmonie de la sphère.

Sous l'équateur, les pluies sont presque constantes ; entre les tropiques, elles sont périodiques et partagent l'année en deux saisons : une saison sèche, et une saison mouillée, celle-ci arrivant en été, quand le soleil est au zénith ; dans nos pays, elles reviennent invariablement au printemps et en automne.

Les observations faites, de nos jours, sur la valeur quantitative des pluies de Paris donnent des résultats presque égaux à ceux des observations des météorologistes du dix-septième siècle. On peut, en conséquence, avancer que, sauf quelques exceptions, la distribution des eaux de l'océan, sur la terre, est établie d'une façon régulière et pour le plus grand bien de la flore et de la faune terrestres et de l'homme.

Quand l'atmosphère n'est pas chargée de poussières en suspension, la pluie fournit une eau pure se rapprochant de l'eau distillée. Dans les parages équatoriaux où l'irrégularité des vents, l'activité de l'évaporation et la chaleur déterminent constamment des averses soudaines, par exemple au large de la côte de Guinée, du 1er au 4e degré de latitude nord et du 20e au 25e degré de longitude ouest, les pluies diluviennes sont souvent telles que les matelots peuvent recueillir, à la surface marine, l'eau douce dont ils ont besoin pour leur cuisine et le lavage de leur linge.

L'eau pluviale n'a pas partout le même sort : là elle tombe sur un terrain gras où le vent la ramasse ; ici sur un terrain sableux qu'elle traverse pour se réunir en filets qui aboutiront au prochain ruisseau ; ailleurs, elle s'infiltre dans le sol et va alimenter des sources ; plus loin, sur les montagnes, elle tombe en neiges qui se fondront au retour de la belle saison et feront déborder les rivières, ou qui se transformeront en glace et contribueront à entretenir les réservoirs des fleuves. Mais quel que soit son rôle sur la terre, elle retournera, jusqu'à la dernière goutte, à la mer, en portant à celle-ci l'offrande des continents : des alluvions qui seront comme la redevance payée par la terre à l'océan pour la location des eaux qu'il lui envoie par le ministère des vents.

La mer ne s'appauvrit pas en arrosant les parties émergées du globe, puisque par les fleuves et même directement, par les pluies, elle rentre en possession de l'eau qu'elle a perdue par l'évaporation.

Le jeu alternatif, dans l'air ambiant, de cette évaporation et de la condensation qui la suit, est des plus curieux et des plus intéressants à voir.

D'abord, la vapeur d'eau parvient, presque invisible, dans l'éther où le premier courant frais la condense en un flocon blanchâtre; bientôt ce flocon, qu'éclairent d'une manière magique les rayons du soleil, se grossit de traînées cotonneuses indécises, cesse d'être transparent, s'étend dans tous les sens et ne tarde pas à voiler le ciel bleu.

Vienne un léger zéphir, et le brouillard neigeux se divise en fragments, et d'autres nuées, produites par le refroidissement de l'atmosphère, s'entassent dans l'espace. Une bonne brise succède-t-elle au zéphir, immédiatement le nombre et la grosseur des nuées augmentent, et l'on assiste à un defilé dont rien n'égale la diversité. Les nuées moutonnées, pommelées, striées, qui avaient précédemment des teintes si charmantes, se confondent avec les nuages, et ceux-ci, chassés, découpés, sculptés par l'air, prennent tour à tour mille formes étranges.

Tantôt ils représentent des chaînes de montagnes aux pics élancés, aux flancs couverts de neige; tantôt des donjons, des châteaux crénelés, des tours, des églises, des palais, des villes orientales dont les coupoles et les minarets de mosquées se dessinent dans le fond vaporeux de l'azur; ou des géants, des oiseaux énormes, des chevaux, des éléphants, des monstres pareils à ceux dont fourmille l'olympe indien.

Si la bonne brise se change en brise violente, s'il vente par risées, les nuages se pressent plus gris, plus

Femme du marin.

compactes, le ciel devient sombre, et c'est le grain qui couve et va éclater.

Alors on remarque, sur la plage ou sur la jetée, de pauvres femmes en cornette, en jupon de laine et en sabots, tenant parfois un marmot mâchuré dans les bras, qui suivent anxieusement du regard des bateaux de pêche, sur lesquels se trouvent un frère, un mari, un fils, un père. Tous fuient devant le temps, pour regagner le port. Leur sera-t-il possible de rentrer avant le déchaînement de la bourrasque?

La mer se gonfle, devient mauvaise, les barques, assaillies par les vagues, fatiguent et craquent; il tonne, les nuages sont noirs et des éclairs les sillonnent : l'ouragan se déclare... Par bonheur, le vent

Femme de pêcheur virant au cabestan.

change, une modification subite dans la température de l'atmosphère crève les nues, qui s'effondrent en averse, l'agitation des flots ne grandit plus, une embellie se produit, et les pêcheurs, secoués et trempés, en sont quittes pour un surcroît de fatigue, un brin d'émotion et une forte baignade.

Bah! un sourire de sa femme, un embrassement de son enfant et un verre de tafia remettront et sécheront chacun.

Rosée de mai et pluie d'avril valent mieux que le chariot du roi David, c'est-à-dire valent mieux que si la constellation de la grande ourse était brillante et par conséquent le temps sec, répètent les

La rentrée au port.

cultivateurs, sans se douter qu'ils célèbrent ainsi les bienfaits de la mer, de la mer nourricière. A notre tour, disons-le bien haut, parce que c'est la vérité : toutes les mines d'argent, d'or et de diamants des cinq parties du monde ne sont rien auprès des pluies fécondantes que l'océan envoie à la terre et qui permettent aux peuples de vivre et de se faire, avec l'agriculture et l'élevage des bestiaux, un revenu annuel de plusieurs centaines de milliards.

XIII

ORIGINES DE LA MARINE

Les routes de la mer. — Les arbres charriés par les courants. — Le radeau. — Les premiers canots. — L'arche de Noé. — Les peuples navigateurs de l'antiquité. — Démétrius. — La galère de Ptolémée Philopator. — Le *Great-Eastern*. — *La Grande-Françoise*. — Les galériens. — Primauguet et *la Belle-Cordelière*. — Transformation de la marine de guerre.

La mer n'a pas autant séparé les continents qu'on serait tenté de le croire, et elle est souvent plus facile à franchir que les chaînes de montagnes ou les déserts.

Les Pyrénées, les Alpes, les Balkans, le Caucase, l'Altaï, l'Himalaya, le désert de Gobi, le Sahara, sont de plus grands obstacles à la communication des nations entre elles que la Manche, la Méditerranée, la mer Rouge, l'Atlantique et le Pacifique.

La mer a même cela d'avantageux qu'elle offre aux hommes des routes toutes faites, qui ne coûtent pas un centime d'entretien, ne nécessitent ni empierrement, ni pavage, ni relèvement, ni terrassiers, ni cantonniers, ni ingénieurs, et dont la largeur est si considérable que des centaines de véhicules peuvent y circuler de front.

Les peuples primitifs maritimes durent être préoccupés, dès la première heure, de la navigation, non parce que le désir de voisiner les tourmentait, la pensée de se fréquenter ne leur vint peut-être que tardivement, mais parce qu'ils voulaient poursuivre, au large, les gros poissons qui leur fournissaient une copieuse nourriture, parce que l'appétit les talonnait.

Les arbres que charriaient les courants leur fournirent leurs premiers esquifs.

A califourchon sur ces épaves d'inondations, s'aidant des jambes et des bras, armés d'un pieu, ils allèrent à la poursuite des phoques et des cétacés ; puis, à l'arbre isolé, ils joignirent d'autres arbres à l'aide de liens quelconques, et le radeau, capable de porter plusieurs individus, fut inventé.

Le radeau, si simple et si facile à construire, est resté en usage dans toutes les parties du monde. En France, on s'en sert encore pour transporter le bois de chauffage.

Les outres et les vessies gonflées, les canots creusés avec des haches de pierre dans des stipes d'arbres ou fabriqués avec de l'écorce, les pirogues du genre de celles des sauvages modernes, ne vinrent que longtemps après, il est permis de le supposer, lorsque la rame eut été découverte.

Le bateau à voiles ne date que de l'époque où l'homme tissa des étoffes, ou tout au moins des nattes de jonc ou de paille capables d'opposer quelque résistance au vent, ou sut coudre ensemble des peaux de bêtes.

L'art de la navigation fit des progrès rapides, et il devait être très avancé à l'époque où la Bible place le déluge, puisque cent ans avant ce cataclysme, 2448 ans avant Jésus-Christ, d'après les scoliastes de la Genèse, Noé commença la construction de la fameuse arche dans laquelle il introduisit, par ordre, sept paires de tous les animaux purs et deux paires de tous les animaux impurs, ce qui indique ses proportions.

Noé employa un siècle à bâtir l'arche.

On sait, du reste, que les Égyptiens, dans des temps antérieurs aux âges bibliques, trafiquaient, par la mer Rouge, avec l'Inde, et possédaient une marine dont les monuments pharaoniques parlent.

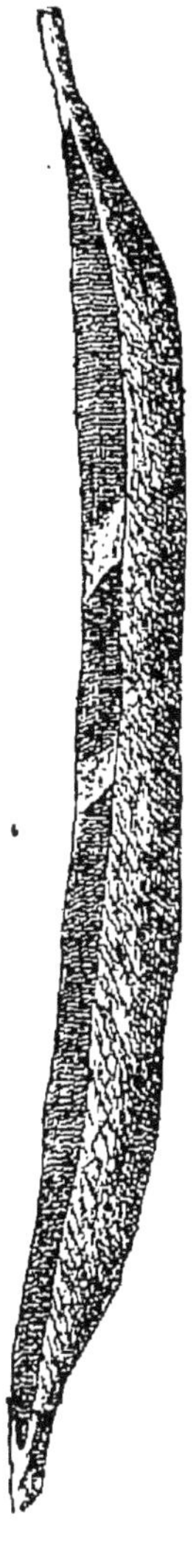

Les Phéniciens, ces hardis colonisateurs de l'antiquité, les Grecs, qui sont restés, en dépit des Anglais, les premiers marins de l'Europe, les Carthaginois, les Siciliens, les Bretons, étaient des peuples navigateurs et vivant du trafic maritime, bien avant que les Romains comptassent dans le vieux monde.

Pirogue primitive.

Il y avait alors, comme aujourd'hui, deux marines : une marine marchande et une marine de guerre : la première allant à la voile, la seconde allant à la voile et à la rame. Et l'on trouvait dans l'une et dans l'autre des bâtiments fins, légers, élégants, richement ornés, bons marcheurs et d'une grandeur égale ou supérieure à celle de nos vaisseaux de premier rang ou de nos navires de commerce de fort tonnage.

Dans la *Vie de Démétrius,* Plutarque donne un intéressant renseignement sur les constructions navales du troisième siècle avant Jésus-Christ, qui corrobore notre assertion : « Il voulait, dit-il, reconquérir tout l'empire de son père, et ses préparatifs n'étaient au-dessous ni de cette espérance ni de ce projet. Il avait déjà rassemblé une armée de quatre-vingt-dix-huit mille hommes de pied et d'environ douze mille che-

Bateau normand.

vaux. Une flotte de cinq cents navires se construisait au Pirée, à Corinthe, à Chalcis, à Pella. Il allait lui-même partout, donnant ses ordres, travaillant avec les ouvriers. Tout le monde s'étonnait du nombre et de la grandeur de ses vaisseaux, car personne, jusque-là, n'avait vu de galères à quinze et seize bancs de rameurs. Ce ne fut que longtemps après que Ptolémée Philopator construisit une galère à quarante bancs de rameurs. Cette merveille avait deux cent

Une galère sous Louis XIII.

quatre-vingts coudées de longueur et quarante-huit de hauteur jusqu'au sommet de la poupe; ses matelots étaient au nombre de quatre cents, et ses rameurs au nombre de quatre mille. En outre, trois mille combattants répartis entre les bancs et le dernier pont la montaient. Mais elle ne servit que comme un objet de curiosité : peu différente des édifices solides, plutôt faite pour la montre que pour l'usage, on ne la mit jamais en mouvement sans danger et sans peine. Quant aux galères de Démétrius, leur beauté ne les empêchait pas d'être propres au combat. Le luxe de leurs apparaux n'enlevait rien à leur utilité, et leur légèreté et leur facilité à manœuvrer étaient encore plus étonnantes que leur grosseur. »

Les navires dans lesquels les Romains transportèrent à Rome les obélisques d'Égypte avaient une capacité supérieure à deux mille tonneaux.

Les gros bâtiments ne sont pas les meilleurs types des bateaux; cependant, il est impossible de nier qu'ils prouvent un degré d'avancement exceptionnel dans les constructions navales, chez les peuples qui les produisent, car ce n'est qu'après avoir épuisé leur science et leur imagination dans la fabrication de navires facilement maniables que ces peuples mettent en chantier les énormes machines dont la galère de Ptolémée Philopator est un spécimen, et le *Great-Eastern*, de la seconde moitié du dix-neuvième siècle, dont les Anglais se sont servis pour la pose des premiers câbles télégraphiques transatlantiques, l'exemple le plus récent.

Tout en fer et construit à Blackwall, près de Londres, le *Great-Eastern* avait 211 mètres de longueur,

Le Great-Eastern.

36^{m},72 de largeur en dehors du tambour, 17^{m},67 de creux sur quille, et un tirant d'eau moyen de 8 mètres.

Son tonnage s'élevait à 25,500 tonnes. Une machine de 1,000 chevaux faisait tourner ses deux roues et une machine de 1,600 chevaux animait son hélice. Il tenait bien la mer, toutefois ne fut employé qu'au transport de troupes au Canada et à la pose de câbles transatlantiques, parce qu'il ne pouvait entrer dans la plupart des ports. Après être resté sans affectation pendant plusieurs années, il devint la propriété d'une société anglaise qui le conduisit à Gibraltar et l'aménagea en magasin à charbon.

En 1533, François Ier, le roi de France le plus bâtisseur, ordonna de construire, au Havre, une nau ou nef qu'on baptisa *la Grande-Françoise,* et qui rappelait, en diminutif, la galère de Ptolémée Philopator.

Sculptée, peinte, dorée, elle avait trois rangs de sabords, une chapelle capable de contenir trois cents personnes, un jeu de paume, une forge, un moulin à vent et un chalet sur son tillac. Malheureusement, on ne put la tirer du bassin où elle avait été lancée, et après des tentatives infructueuses, on se décida à la démolir. Vendue à l'encan, sa charpente servit à édifier une trentaine de maisons du quai de la Barre et des rues voisines. Une masure de la rue de la Crique rappelait, en 1870, par quelques-unes de ses poutres vermoulues, *la Grande-Françoise.*

Le vice capital de ces monuments nautiques, même lorsqu'on avait des ports assez profonds pour les recevoir, était de ne pouvoir être manœuvrés ; aussi n'en fit-on jamais cas nulle part.

La marine de guerre, en France et chez toutes les

nations du bassin de la Méditerranée, conserva jus-

Vaisseau à trois ponts sous Louis XIV.

qu'au dix-huitième siècle, sans la modifier sensiblement, la birème ou trirème romaine devenue la galère, et dont les rameurs étaient des *galériens*, des condamnés de différents âges.

On envoyait aux galères, après les avoir fouettés et marqués, les vagabonds et leurs enfants, les voleurs, les prisonniers de guerre, et avec eux, de pauvres gens dont le seul crime était de déplaire à quelque personnage puissant.

Les galériens ramaient sur les galères, enchaînés à des bancs. D'habitude, chaque rame avait cinq galériens. Quand, dans un combat, les galères donnaient, les gardes-chiournes, armés de bâtons, se tenaient près des rameurs et frappaient sans pitié ceux qui mollissaient. Pour empêcher les galériens de gémir ou de crier lorsque la fatigue ou la crainte de la mort les excédait, on les contraignait à tenir, dans la bouche, au moment de l'action, un morceau de cuir ou de laine. Au commandement de leurs surveillants, tous devaient, sous peine d'être assommés, mettre entre leurs dents la loque destinée à étouffer leurs plaintes. Il leur était permis de mourir à la peine; alors, on les jetait immédiatement à la mer; il leur était interdit d'exhaler leur douleur.

Nous trouvons dans un livre de 1622, publié par un homme compétent, M. Habier, conseiller du roi et trésorier général de la marine du Levant, d'intéressants détails sur l'équipage d'une galère française au commencement du règne de Louis XIII.

Cet équipage comprenait : un capitaine, un lieutenant, un aumônier, un écrivain, un pilote, un comite, des bas officiers, des soldats et des forçats. L'aumônier, ce point est à signaler comme un des règlements de notre marine royale, était tenu de dire la messe, les dimanches et les fêtes commandées, *sur le port ou ailleurs à terre*, pour les officiers, soldats, marins et forçats, *n'étant pas permis de la célébrer en mer sur quelque vaisseau que ce fût*. Il devait entendre en confession et préparer à la communion tout le monde, aux quatre grandes fêtes, et surtout à Pâques, et était obligé d'embarquer sur la galère chaque fois que celle-ci levait l'ancre.

L'*escrivain*, dit l'ouvrage dont nous nous occupons, est celui qui tient compte de tout ce qui appartient à la galère, de ce qui y entre et qui en sort, qui fait les achats et provision. Le *pilote* n'a d'autre charge que de donner le chemin et éviter les écueils; il est assisté par ses conseillers, ordinairement au nombre de quatre, choisis parmi les plus vieux et expérimentés mariniers en service sur la galère. Après ceux-ci vient le *comite*, le plus nécessaire officier, et aussi le plus difficile à trouver tel qu'il se peut désirer, pour la diversité de ses charges, dont la première est de mettre la galère *en estive*, qui est la balancer, de sorte qu'elle aille le plus vite qu'il se peut. Ce qui est si important qu'un homme de trop, de part ou d'autre, la peut sensiblement retarder et mettre hors d'estive. Sa seconde charge est de *lever la galère de poste*, et l'*y mettre*, c'est-à-dire, la tirer du lieu d'où elle part, et la mettre à celui où elle doit prendre place. La troisième est de *tremper les voiles*, selon qu'il juge que la galère peut le mieux aller et porter le vent. La quatrième de faire servir et voguer la *chiurme*, qui est la compagnie des forçats. A quoi l'industrie et la parole ont plus de vertu que le *gourdin*, qui est un bâton plat de deux doigts de large, ou le *nerf de bœuf.*

Le *sous-comite* fait aller le quartier de la proue, qui est entre l'arbre de maître et le trinquet. Ce nom qui vient de *comis*, c'est-à-dire doux, leur a (ce tient-on) été donné, comme quelques autres, pour signifier le contraire de ce qu'ils font. Mais il y a plus d'apparence de dire, selon les plus raiosnnables, que c'est véritablement pour les avertir d'user de plus de douceur qu'ils peuvent envers ces pauvres misérables, qui pour la même raison ont permission de les appeler, comme ils font communément, *notre homme*, les obligeant ainsi continuellement à se souvenir qu'ils sont hommes, et ne doivent jamais oublier l'humanité.

Après le comite suit ordinairement l'*argousin*, qui a charge d'enchaîner ou déchaîner les forçats, et visiter leurs chaînes dans la galère, ce qu'il fait deux fois le jour, et davantage la nuit, ayant pour aide le *sous-argousin;* et lorsqu'ils ont déchaîné quelque forçat, ou quelque couple (ainsi qu'ils vont ordinairement avec leurs chaînes, qu'ils appellent *branches* ou *brancades*), ils les mettent entre les mains d'un ou plusieurs de ceux qu'ils appellent *compagnons* ou *gardes*, pour les mener où il est besoin, comme à aller quérir le pain, l'eau, les ustensiles et autres nécessités de la galère. Lesquels gardes, au nombre ordinaire de douze ou quatorze par galère, outre qu'ils sont responsables des forçats qui leur sont baillés en charge, sont aussi obligés de faire sentinelle toute la nuit, qu'ils divisent par *empoulettes*, qui sont horloges de sable, selon l'espace des nuits, pour empêcher qu'il ne s'en sauve quelqu'un, comme il se fait quelquefois, nonobstant toutes les prévoyances et soins qu'on y peut apporter, comme de tenir, la nuit, plusieurs lumières dans la galère, visiter souvent les chaînes, observer le silence et châtier rudement ceux qui tâchent de se sauver, tant le désir de la liberté a d'invention et de puissance.

Après l'argousin suit ce qu'ils appellent la *maistrance*, qui sont le *remoulat*, qui a charge des rames, pour les tenir en état avec ce qui les regarde ; le *maître d'hache*, qui radoube le corps de la galère lorsqu'il est besoin ; le *calfat*, qui ferme les ouvertures avec la poix et l'étoupe ; le *barillar*, qui a soin des barils où se met l'eau des forçats, des boutes ou poinçons, où se met le vin.

Ce sont les officiers ordinaires et nécessaires, outre lesquels y a : le *mousse d'argousin*, qui est comme garçon de l'argousin, et le *barberot*, qui fait la barbe aux forçats. A quelques-uns desquels pour leur apprendre à jouer des trompettes, des flûtes ou hautbois, il y a des maîtres, qui ont appointement sur la galère. Le plus rare de tous et qui se trouve le moins est celui qui s'appelle *mourgon*, qui plonge dans la mer pour chercher ce qui y tombe des galères. Outre toutes ces choses, lorsque la galère va en voyage, il lui est utile d'avoir des mariniers qui servent à faire la route et à combattre quand il en est besoin.

Quant aux soldats, il y en a soixante auxquels Sa Majesté donne la solde pour huit mois. Mais lorsque la galère va en mer, il n'en faut pas moins de quatre-vingts, qui sont ordinairement commandés par quatre caporaux, ou davantage, à la discrétion du capitaine, et ont pour leur *poste* (ainsi s'appelle le lieu où chacun doit être) les *arbalestrilles*, et les *rambades*.

Reste la chiurme, qui est la compagnie des forçats, qui sont distribués également de chacun côté, dont les deux premiers qui manient le *giron* des rames joignant l'espalle s'appellent *espaliers*, qui sont ceux qui donnent la vogue au reste. Tous les autres qui sont derrière eux le long de la *coursie*, s'appellent *vye avant*. Ceux qui les joignent s'appellent *apostis;* les troisièmes *tercerots*, les quatrièmes *quarterots*, et les derniers et moindres *quinterots*, qui sont en tout cinq à chacun banc. De sorte que pour faire voyage, il faut au moins 250 forçats, au lieu que Sa Majesté ne paye que pour 200. Et pour celles qui sont plus grandes, à proportion. A tous lesquels il faut tous les ans, pour chacun, un habit composé d'un bonnet, d'une casaque de serge qui leur va jusqu'au-dessus du genou, la plupart rouges; d'un caleçon de toile et deux chemises; et de deux ans en deux ans, un *capot* de gros drap entre gris et minime, qui leur descend jusqu'aux talons, et au-dessus un capuchon pour se couvrir entièrement et s'envelopper durant le froid ou la nuit lorsqu'ils se reposent, qui n'est que sur le bois de leurs bancs, et celui de l'arbalestrille lorsqu'elle n'est pas occupée par les soldats. . . . . . .

La condition de galérien était la plus atroce à laquelle on pût être soumis, mais comme c'était celle des prisonniers de guerre des puissances maritimes et des hommes qu'enlevaient les corsaires d'Alger, corsaires au nombre desquels on comptait un certain nombre de renégats italiens, provençaux ou normands, elle ne déshonorait pas absolument. Un chroniqueur rapporte, à ce propos, le trait caractéristique sui-

Combat de la *Belle-Cordelière*.

vant : Un jour, le prince Lomellini ramant sur une galère de Dragut, ce dernier s'approche de lui et lui dit en riant : « Compagnon, voilà les chances de la guerre. » Quelques années après, Dragut tenait la rame sur une galère de Lomellini, et l'Italien lui répéta son mot avec le même sourire, en lui posant la main sur l'épaule.

Depuis 1748, depuis la suppression des galères, la loi a substitué, en France, la peine des *travaux forcés* à celle des galères.

On nommait *réale* ou *royale* la galère montée par le général des galères, et *patrone* ou *capitane*, la galère commandée par le lieutenant général des galères.

A côté de ces bâtiments antiques, la marine de guerre possédait des vaisseaux de ligne à trois ponts, portant cent vingt canons, et capables de recevoir un régiment ; des frégates, des corvettes, des flûtes, etc., les uns se mouvant lourdement, les autres évoluant avec plus ou moins de facilité, selon leur finesse et leur gréement.

Dans un combat naval fameux, livré en 1512, sur les côtes finistériennes, et où un vaillant homme de mer breton, Primauguet, déploya un courage superbe, la plupart des bâtiments engagés étaient de haut bord.

Primauguet, amiral breton, qu'on a nommé tantôt de Primaudet, tantôt Primauquet, et dont le vrai nom était Hervé de Portzmoquez, est né dans le bas Léon, vers la seconde moitié du quinzième siècle (1465 environ), lisons-nous dans l'ouvrage de MM. Édouard Gœpp et Henry de Mannoury d'Ectot, intitulé *Les Marins*. Il est connu par l'héroïque résis-

Bataille de Palerme.

tance qu'il opposa aux Anglais dans le combat du cap Saint-Mathieu, livré le 10 août 1512. Dans cette mémorable journée, Primauguet commandait le vaisseau la *Belle-Cordelière*, le plus grand navire de la flotte française. L'ennemi s'était surtout acharné contre lui, et, après une lutte qu'on peut appeler homérique, entouré de toutes parts par les bâtiments anglais rassemblés autour de lui comme une meute guettant sa proie, il fut incendié par le vaisseau le *Régent*. La *Belle-Cordelière* était à moitié démâtée; criblée de boulets, elle avait résisté jusqu'au bout malgré ses avaries, malgré son équipage décimé; mais une fois le feu à bord, tout était évidemment perdu et toute résistance semblait désormais inutile. Primauguet n'était pas homme à se faire illusion, il ne songea pas un seul instant à se rendre, et son parti fut pris aussitôt de s'ensevelir avec le bâtiment qu'il commandait. Mais il ne voulait pas périr seul, il voulait entraîner avec lui le plus grand nombre d'ennemis possible. Il lança ses grappins d'abordage sur le *Régent* et s'attacha solidement à lui comme jadis la robe de Nessus s'attacha aux flancs d'Hercule, et, comme Hercule, le *Régent*, dévoré par les flammes de la *Belle-Cordelière*, périt avec elle. Les deux navires s'engloutirent ensemble dans les flots, et plus de douze cents hommes disparurent en même temps dans une commune hécatombe... Une baie des environs du Conquet, près de Brest, porte le nom de Portzmoquez (1).

Dans les batailles livrées sous Louis XIV par Duquesne, Tourville, Vivonne, d'Estrée : combat de

1 *Les Marins*, Jouvet et Cie, éditeurs.

Stromboli, de Palerme, etc., les gros vaisseaux se trouvèrent également en nombre de part et d'autre. Au contraire, un siècle auparavant, à la bataille de Lépante gagnée sur les Turcs, le 7 octobre 1571, par les confédérés chrétiens commandés par don Juan d'Autriche, on n'avait presque vu en ligne que des galères.

La marine de guerre se modifia partout au dix-septième siècle, qui fut une période glorieuse pour elle; la vapeur, l'hélice et la cuirasse la transformèrent successivement à notre époque, et l'amenèrent au degré d'avancement où nous la voyons aujourd'hui et qui marque, pour elle, une ère tout à fait nouvelle.

XIV

MARINE DE GUERRE ET MARINE MARCHANDE

Invention des vaisseaux cuirassés. — Dupuy de Lôme. — *La Gloire*, premier cuirassé. — Les voiliers actuels. — Le navire sur chantier. — Le klipper. — La mâture. — Navires en rade. — La vapeur et la voile. — Noms des bâtiments de guerre. — Noms des bâtiments de commerce. — A qui appartient la mer? — Un mot de la reine Élisabeth. — L'empereur Frédéric Barberousse et le pape Alexandre III à Venise. — Le doge Sébastiano Ziani. — La souveraineté de Venise sur l'Adriatique. — Les épousailles de la mer. — Droit respectif des nations sur la mer, à notre époque. — Les épaves. — Le varech. — Dans quelles conditions il est permis de le récolter. — La pêche.

Les perfectionnements apportés à l'artillerie depuis le commencement du siècle ayant eu pour conséquence de vouer les vaisseaux de bois à une destruction inévitable et prompte au premier engagement sérieux, après avoir inventé des bouches à feu monstres et des projectiles explosibles d'une irrésistible puissance de pénétration, il fallut faire quelque chose pour les bâtiments, privés tout d'un coup des neuf dixièmes de leur force de résistance. Ce quelque chose, qui consiste en un revêtement extérieur de fer, la France le trouva par un de ses enfants, ingénieur de génie de notre marine militaire : M. Dupuy de Lôme.

La guerre de Crimée venait d'éclater (1854); la

Dupuy de Lôme.

flotte turque avait été détruite à Sinope par la flotte russe, les escadres anglaise et française ne pouvaient rien contre les ouvrages de défense de Sébastopol, et toute entreprise efficace de ces escadres dans la mer Noire paraissait impossible, lorsque, sur l'initiative de Napoléon III, des batteries flottantes cuirassées furent construites et envoyées à Kinburn, qu'elles bombardèrent avec un plein succès, le 18 octobre 1855.

Incapables de naviguer et ne servant que si elles étaient remorquées, on doutait que ces batteries apportassent des changements dans l'architecture navale ; M. Dupuy de Lôme en jugea autrement.

En 1856, le célèbre ingénieur présenta au gouvernement impérial les plans de la frégate cuirassée *La Gloire*, et le 24 novembre 1858, à une époque où ni l'Angleterre ni l'Amérique ne songeaient à protéger la charpente de leurs bâtiments par des plaques métalliques, la France posséda un vaisseau bardé de fer.

Après *la Gloire*, dont la bonne tenue à la mer confondit les pessimistes et les détracteurs, vinrent la *Couronne*, l'*Invincible*, la *Normandie*, le *Magenta*, le *Solférino*, le *Marengo*, l'*Alma*, etc. ; les autres nations maritimes imitèrent notre exemple, et à cette heure, elles nous ont rattrapés.

Désormais, on peut varier l'épaisseur de l'armure d'acier et augmenter le calibre des canons des cuirassés, la métamorphose de la marine de guerre est accomplie.

Quant à la marine marchande, quoique bouleversée par la vapeur, elle n'a point changé au point d'être méconnaissable, et ses voiliers actuels diffèrent peu des bâtiments de commerce du dix-septième siècle.

On a comparé le navire en construction à la carcasse d'un animal, et l'on a eu raison.

La frégate cuirassée *La Gloire.*

Sur chantier, le bateau, quel qu'il soit, est un squelette, mais un squelette qui annonce la vie, au lieu d'être l'image de la mort.

Regardez-le : il est monté et va être bordé. Les pièces de bois de sa quille ne sont-elles pas son épine dorsale? Ses *couples* ou *membres*, qui s'élèvent en courbes sur cette quille et forment son *ventre*, ne sont-ils pas ses côtes? Sa *guibre* et son taille-mer, sup-

Quille.

portés à l'avant par l'*étrave*, ne constituent-ils pas son *poitrail*? Lorsqu'il sera terminé, les matelots lui trouveront d'autres analogies avec la bête, l'homme ou la femme, et ils le compareront aux individus dont il leur rappellera les défauts ou les qualités, car, pour eux, le navire n'est point une machine : c'est un être qui respire, qui sent et qui souffre.

La membrure a été fixée par des *serres*, la carcasse a reçu son *bordage*, la *proue*, l'avant, qui représente

Le vaisseau cuirassé *Le Solférino*.

un sujet quelconque, est sculptée ; à la *poupe*, l'arrière, s'étale en lettres blanches le nom du nouveau-né ; le *calfatage* s'achève, le *doublage* en feuilles de cuivre est à moitié placé ; il ne reste qu'à installer la mâture et le gréement, justement qualifiés de système nerveux, et par lesquels se distinguent les divers

Membrure d'un navire.

types navals. Cela fait, le bâtiment, cétacé par le corps, oiseau par la tête, entrera dans la carrière, où une tempête l'éprouvera peut-être dès le début. Qui sait même si deux ou trois mois après sa sortie brillante de son port d'attache, on ne lira pas cette nouvelle dans quelque journal :

« Hier, une bouteille flottante a été trouvée en rade

où le courant de marée l'avait poussée ; elle contenait un papier sur lequel étaient tracées ces lignes : « A bord du trois-mâts l'*Espérance*, à 100 milles de la côte d'Irlande. Deux hommes de l'équipage ont été enlevés cette nuit par un coup de mer. Nous faisons beaucoup d'eau. Le beaupré est emporté. Nous sommes incapables de tenir pendant plus d'une heure ? »

Poupe.

Ou celle-ci, qui relate un bizarre sinistre maritime de 1883 :

« Le 11 mai dernier, le brick italien le *Manzoni*, sorti depuis peu du chantier de construction, se rendait de Livourne à Ajaccio avec un chargement de riz, quand il se heurta contre un récif de l'île Gorgona. On se disposait à le débarrasser de sa cargaison, lorsque le riz, mouillé par l'eau de mer, se gonfla tellement qu'il fit éclater le navire, qui est à présent en pièces? »

Mais laissons ces tristes pronostics et voyons l'avenir

en rose pour notre bateau qui sort du bassin, tout flambant neuf, et se balance sous les caresses d'une légère brise.

C'est un trois-mâts carré, fin, élancé, excellent coureur, taillé en klipper (de l'anglais *to clip*, fendre), toutes voiles dehors. Son mât d'artimon, à l'arrière, son grand mât, au milieu de son pont, son mât de misaine, à l'avant, se dressent en flèche vers le ciel ; son beaupré, qui ne compte pas, parce qu'il n'est pas mâté, parce qu'il n'est pas debout, s'avance en sentinelle, au-dessus du taille-mer, comme pour préserver de toute atteinte l'ensemble de la mâture. Ses vergues qui soutiennent, les unes les grandes voiles, les autres les petites voiles ou bonnettes, forment autant de croix dans ses hautes œuvres; comme le temps est calme et qu'il a besoin, pour marcher, de recueillir les moindres souffles du vent, il porte toute sa toile, et les hommes de son équipage grimpent avec l'agilité du chat sur ses cordages, afin que rien ne cloche dans son édifice aérien et qu'il ait toute sa force aussi bien que toute sa grâce.

A l'extrémité de la corne de sa brigantine attachée à son artimon, flotte le pavillon national, chiffon aimé qu'on revoit avec une émotion si vive par de là les mers. Il suit de près, beaupré sur poupe, un trois-mâts barque, plus lourd de formes que lui, dont il ne se différencie que par le gréement du mât d'artimon, et qui part pour un voyage au long cours.

En traversant la rade, il croise, là un brick, bâtiment à deux mâts, grand mât et mât de misaine, de retour d'une course de grand cabotage ; une goélette, pimpante, leste, cambrée, coquette comme une Parisienne et rapide comme une hirondelle; plus loin, un sloop monté par un pilote et allant à la rencontre de gros bâtiments qu'il conduira à destination; ou un lougre renflé par l'avant, portant crânement ses trois mâts : grand mât, mât de misaine et mât tapecu, et serrant à merveille le vent de ses voiles auriques à bourcet; ou un steamer mixte de trois mille tonneaux (1), gréé de façon à pouvoir marcher à la voile ou à la vapeur, ou à l'une et à l'autre simultanément, et dont la cheminée laisse échapper des tourbillons de fumée noire; ou un paquebot peinturé, astiqué, vernissé, couvert de passagers, chef-d'œuvre de construction par ses dispositions intérieures, et en route pour le nouveau monde.

Notre klipper s'éloigne de la côte; on ne distingue plus, à l'horizon, que ses perroquets et ses cacatois; le crépuscule tombe et achève de le dérober au regard. Bonne route au partant, et puisse-t-il revenir sans avarie et avec tout son monde sain et sauf!

Les bâtiments à vapeur offrent des avantages considérables, et on ne les abandonnera que pour les bâtiments à électricité, quand les progrès de la science le permettront; néanmoins, ils ont aussi des inconvénients si réels, entre autres la place encombrante qu'occupent, dans leurs flancs, la machine et le charbon, et leur quasi-inutilité quand le combustible leur manque, que les voiliers se sont maintenus à côté d'eux.

(1) Le tonneau de mer ou tonneau métrique, pèse 1000 kilogrammes et a le volume d'un mètre cube. L'origine de l'expression vient des tonneaux dans lesquels les navires emportaient leur provision d'eau douce, et qui contenaient 2,000 livres de cette eau.

Lorsque les vents et les courants favorisent leur marche, les bons voiliers ne le cèdent pas toujours en vitesse aux steamers. Les voiles sont les ailes des navires; rien ne les supplantera, non pas seulement parce qu'elles ont la beauté et font presque du bateau un oiseau, mais parce qu'elles possèdent les qualités qui conviennent à l'eau et à l'atmosphère, et qu'il n'est guère probable que l'homme trouve un moteur plus économique pour parcourir les mers.

La coutume d'attribuer à chaque bâtiment un nom distinctif remonte à la plus haute antiquité, et prouve le caractère humain attaché, dans tous les temps, à la marine.

Aux bateaux de guerre on a obstinément distribué des noms belliqueux; aux bateaux de commerce on a constamment donné des noms pacifiques. Sur ce point, il n'y a rien de changé nulle part depuis des milliers d'années, et nous n'agissons pas autrement que n'agissaient les Égyptiens, les Phéniciens, les Bretons, les Grecs et les Romains.

Le répertoire de la marine militaire rappelle les batailles navales ou terrestres, les marins ou les généraux illustres, et quelques animaux redoutables ; celui de la marine de commerce est un composé fantaisiste où la note douce domine.

Dans le premier, on trouve : *l'Aigle*, *l'Épervier*, *le Lion*, *le Tigre*, *le Lynx*, *le Requin*, *la Vipère*, *le Bélier*, *l'Intrépide*, *le Foudroyant*, *l'Éclaireur*, *le Jean-Bart*, *le Dugay-Trouin*, *le Tourville*, *le Duquesne* (nous parlons ici, bien entendu de la France), *le Turenne*, *le Hoche*, *le Stromboli*, *l'Austerlitz*, *le Friedland*; dans le second, on rencontre à la fois les saints du paradis

Garde-côtes cuirassé *Le Bélier.*

chrétien, les dieux de l'Olympe païen, des simples mortels de distinction dans les sciences, l'industrie, les arts, des animaux inoffensifs, et des expressions géographiques.

En Italie et en Espagne, rien de plus commun que les *Immaculée-Conception*, les *Sainte-Vierge*, les *Sainte-Catherine*, les *Saint-Jean*, *Saint-Pierre*, *Saint-Marc*, *Saint-Luc*, et autres noms sanctifiés. En remontant vers le nord, la vogue du calendrier diminue, et l'éclectisme est le grand baptiseur.

Les armateurs entichés d'antiquité appellent leurs bateaux : *le Jupiter*, *l'Hercule*, *le Mercure*, *la Minerve*, *la Junon*, *la Vénus*, *l'Apollon*, *l'Éole*, *le Neptune*, *le Pluton*, *le Mars*, *le Vulcain*, *la Diane ;* ceux qui préfèrent la géographie nomment les leurs : *l'Europe*, *l'Amérique*, *l'Océanie*, *le Rhône*, *la Loire*, *la Seine*, *le Rhin*, *la Tamise*, *l'Orénoque*, *le Mississipi*, *le Gange*, *le Danube*, *le Tibre*, *le Pérou*, *l'Australie;* ceux qui ont un faible pour la littérature, la sculpture, la peinture, la musique, les sciences, l'histoire naturelle, possèdent dans leurs flottes : *le Rabelais*, *le Molière*, *le Corneille*, *le Racine*, *le La Fontaine*, *le Shakspeare*, *le Victor-Hugo*, *le Boïeldieu*, *le Rossini*, *l'Auber*, *le Raphaël*, *le Michel-Ange*, *le Puget*, *le Poussin*, *le Daubigny*, *le Fulton*, *le De Humboldt*, *le Franklin*, *l'Arago*, *la Falcon*, *l'Alboni*, *la Patti*, *la Fauvette*, *l'Hirondelle*, *la Mouette;* d'autres ne veulent que des noms allégoriques ou sentimentaux : *le Printemps*, *l'Été*, *l'Automne*, *l'Hiver*, *l'Aurore*, *les Trois-Sœurs*, *l'Héloïse*, *les Deux-Amis* *les Bons-Frères*, *le Joyeux*, *le Souvenir*, *le Sans-Souci ;* ou des noms d'actualité.

Les hommes doivent à la marine marchande une

partie de leurs lumières, de leur bien-être, de leur prospérité, et, après l'agriculture, il n'est aucune invention qui leur ait rendu autant de services et les ait plus efficacement aidés. Elle est la marine par excellence, la marine militaire procédant d'elle ; pour quelques nations, l'Angleterre entre autres, elle est presque tout. Sachons l'apprécier comme une amie fidèle, généreuse et nécessaire.

Quelques lignes pour examiner sommairement cette question :

A qui appartient la mer?

A une insolente sommation de l'ambassadeur de Philippe II, la reine Elisabeth (l'Angleterre dissimulait, à cette époque, les prétentions insupportables qu'elle a affichées depuis) la reine Élisabeth répliqua : « La mer, aussi bien que l'air, est chose libre et commune à tous, et une nation particulière n'y peut prétendre à l'exclusion des autres, sans violer les droits de la nature et de l'usage public. » Oui, au point de vue philosophique, la mer appartient à tout le monde; mais en fait, ce bien commun est souvent celui du plus fort, dont la raison, appuyée par des arguments frappants, hélas ! *est toujours la meilleure.*

Parmi les États qui, dans les temps modernes, ont accaparé la mer à l'exclusion de leurs voisins, il faut citer la république de Venise, autorisée par un pape dans son usurpation révoltante.

En 1177, la guerre était allumée entre le saint siège et l'empire. Chassé de Rome par Frédéric Barberousse et réfugié à Venise, le pape Alexandre III accepta la médiation que lui offrit le doge Sébastiano Ziani.

Les préliminaires de paix arrêtés, Ziani obtint que les deux ennemis s'aboucheraient sur le terrain neutre de San Marco, pour se réconcilier franchement, et Frédéric Barberousse se rendit à Venise.

« Lorsque Alexandre vit à genoux, devant lui, le prince qui depuis vingt ans le poursuivait d'asile en asile, disent nombre d'historiens d'accord, en cela, avec la légende, il s'oublia jusqu'à lui poser le pied sur la tête en prononçant ces paroles du psalmiste :

— Je marcherai sur l'aspic et le basilic, et je foulerai le lion et le dragon.

— Ce n'est pas devant toi que je m'humilie, s'écria Frédéric, mais devant Pierre que tu représentes.

— Devant moi comme devant Pierre, répliqua le pontife en appuyant le pied. »

Si l'entrevue de l'empereur et du pape eût commencé ainsi, la réconciliation préparée par Sébastiano Ziani n'aurait pas eu lieu; d'ailleurs, le colloque précédent n'est pas plus dans le caractère d'Alexandre III que dans celui de Barberousse.

L'empereur et le pape souhaitaient avec une égale ardeur la paix, dont ils avaient également besoin, et il n'est pas admissible qu'ayant consenti à se rapprocher dans les circonstances douloureuses qu'ils traversaient, leur premier soin, en s'abordant, ait été de se dire des injures.

Le récit de Muratori est plus digne de foi, et nous estimons que c'est à lui qu'il convient de s'en tenir. Nous en traduisons ce passage :

« Le 27 juillet (1177), un dimanche, la nouvelle de la venue de l'empereur Frédéric à Venise s'étant répandue, le pape se porta solennellement, de bonne heure, à Saint-Marc, et envoya à la rencontre de Sa Majesté plusieurs cardinaux, parmi lesquels les évêques d'Ostie, de Porto et de Palestrina, qui donnèrent à celle-ci l'absolution de l'excommunication. Alors l'archevêque de Mayence et d'autres prélats abjurèrent les antipapes.

« Le doge alla prendre l'empereur à l'île Saint-Nicolas du Lido, avec un grand cortège de barques, puis le conduisit jusque devant le portique de la basilique de Saint-Marc, où le pape, en habits pontificaux, entouré des cardinaux, du patriarche d'Aquilée et de beaucoup d'archevêques et d'évêques, l'attendait. A la vue du vrai vicaire du Christ, vénérant Dieu en lui, laissant de côté la dignité impériale, Frédéric se prosterna et baisa le pied du pontife. A ce spectacle, le bon pape Alexandre ne put retenir ses larmes, et, relevant l'empereur avec bénignité, lui donna le baiser de paix et la bénédiction. Aussitôt fut entonné le *Te Deum*, et Frédéric, conduit au chœur de la basilique par le pape, qui le tenait par la main, reçut de nouveau la bénédiction pontificale, après quoi il passa au palais ducal. Le lendemain, fête de saint Jacques, apôtre, le pape chanta une messe solennelle et prêcha le peuple à Saint-Marc. Frédéric baisa le pied de Sa Sainteté, à qui, après la messe, il tint l'étrier. Il allait même conduire, par la bride, la monture papale, si Alexandre ne l'en eût empêché en le remerciant affectueusement. »

La paix entre Alexandre III et Frédéric Barberousse fut signée le 1er août, et en récompense de ses bons offices, Ziani obtint, pour Venise, *la souveraineté sur l'Adriatique*.

En remettant au doge l'anneau, symbole de l'investiture, le pontife dit : « Recevez-le comme une marque de l'empire de la mer ; vous et vos successeurs, épousez l'Adriatique tous les ans, afin que la postérité sache qu'elle vous appartient et qu'elle doit être soumise à votre République, comme l'épouse l'est à son époux ».

C'est pour perpétuer le souvenir de cette donation surprenante et certainement arbitraire, dont la République de San Marco usa et abusa tant qu'elle le put, au détriment des Italiens, des Dalmates, des Albanais, des Grecs en particulier et de toutes les nations maritimes de l'Europe en général, que chaque année, le jour de l'Ascension, le doge sortait pompeusement de la lagune, monté sur le *Bucentaure*, et jetait dans l'Adriatique un anneau d'or.

Le Conseil des dix, les inquisiteurs d'État et tous les grands fonctionnaires en costumes magnifiques l'accompagnaient, et des milliers de gondoles brillamment décorées le suivaient.

Devant l'arsenal, les cent soixante-huit rameurs de la splendide galère ducale saluaient une image miraculeuse de la Vierge, puis nageaient jusqu'à l'île de Sainte-Hélène, bouquet de verdure où le patriarche attendait l'instant de prendre part à la fête.

Il y avait, dans cette isolette, un monastère de religieux du mont Olivet, où, le jour des épousailles, on régalait le prélat d'un déjeuner composé de châtaignes et d'eau.

Quand le *Bucentaure* paraissait, le patriarche, revêtu de ses habits pontificaux, suivi du chapitre des chanoines et du clergé de l'église Saint-Pierre, allait, dans un bateau doré et en chantant des psaumes, à la rencontre du fameux navire, sur lequel il s'embarquait et qui glissait directement vers le Lido.

A deux cents pas du rivage, le *Bucentaure* s'arrêtait.

Alors le prélat bénissait un vase d'eau qu'on versait dans l'Adriatique, bénissait un anneau d'or qu'il remettait au doge, et au même instant le doge, étendant la main au-dessus du plat-bord, laissait tomber cet anneau dans les flots en disant : « Mer, nous t'épousons en signe de la libre domination que nous avons sur toi. » (*Mare, noi ti sposiamo, in segno di libero dominio sopra di te.*)

Aujourd'hui, il est convenu, dans l'intérêt du commerce et de la défense des côtes, que jusqu'à portée de canon (et les canons de la marine portent loin) la mer appartient à la puissance dont elle baigne le territoire. De là des règlements touchant la pêche, la douane, la sécurité nationale que chacun est obligé de respecter.

On admet, en outre, que les lais et les relais de la mer font partie du domaine public, qui peut en tirer un revenu et les louer à des conditions dont les populations n'aient pas à souffrir.

Comme conséquence, les épaves que le flot rejette sur les lais et relais sont, dans une grosse proportion, la propriété de l'État.

Ainsi, les choses du cru de la mer et les débris de bâtiments, de cargaisons sans signe distinctif, appartiennent pour deux tiers à l'État et pour un tiers aux personnes qui les ont découverts.

Les navires échoués, dont les maîtres sont inconnus, deviennent le bien du domaine ; les objets tirés du fond de la mer ou pêchés en mer sont la propriété des gens qui les ont trouvés, si aucune marque n'indique leurs possesseurs légitimes.

Dans tous les cas d'échouage, de bris, de naufrage, les découvreurs d'épaves sont tenus d'informer de leurs trouvailles le commissaire de la marine le plus proche et le juge de paix, qui se transportent sur les lieux, et, après examen, prennent les décisions qu'ils croient urgentes. Par leurs soins, les épaves susceptibles de se gâter vite sont vendues sans délai, les marchandises périssables sont mises aux enchères au bout d'un mois ; s'il ne s'est point produit de réclamation pendant ce temps, le reste a ensuite le même sort ; puis les comptes sont établis, les frais prélevés, et le prix de la vente est partagé, dans les proportions légales, entre l'État et les auteurs de la découverte.

Tout individu convaincu d'avoir pillé un navire naufragé, ou de s'être emparé, en cachette, de marchandises ou d'effets apportés par les flots, est passible d'une peine plus ou moins forte, selon le cas.

Le varech mort ou flottant que la marée dépose sur la grève, et celui qui croît en mer, sur les rochers, les écueils, sont au premier venu. Tout individu a le droit de recueillir, hiver comme été, ce dernier, et de le transporter, en bateau, où bon lui semble.

Le varech qui croît sur la côte et tient par la racine à cette côte, est le bien de la commune sur le territoire de laquelle il pousse, mais ne peut être récolté que par les habitants de celle-ci qui possèdent et cultivent des terres. Ces habitants seraient poursuivis s'ils s'adjoignaient, pour l'enlever, des personnes

Le doge de Venise, monté sur *Le Bucentaure*, jette un anneau d'or dans l'Adriatique.

étrangères à leurs exploitations agricoles. Par cette restriction on a voulu empêcher les cultivateurs avides de s'emparer d'un engrais précieux au préjudice des autres ayants droit.

Le varech en question doit être coupé au couteau ou à la faucille; il est interdit de l'arracher et de le récolter la nuit ou hors du temps prescrit.

C'est le préfet, ordinairement, qui détermine le mode de ramassage des plantes marines destinées à la fabrication de la soude ou à l'amendement des terres.

Quant à la pêche, elle est libre le long des côtes, pour les nationaux, sauf certaines restrictions qui ont spécialement pour but de prévenir la destruction excessive du poisson et conséquemment la dépopulation de la mer sur le littoral.

XV

LES MARINS

Courage des marins. — La vie à bord. — Amour de la mer. — La langue marine. — Le père Vent-Debout. — Le marin, facile à vivre. — Docilité et dévouement de l'homme de mer. — Faible du matelot pour le tafia. — L'officier de marine dans le monde. — Les dignes fils de l'Océan.

Les marins forment, dans la société, une classe particulière qui possède le don précieux d'être sympathique à tous. Habitués à affronter les plus grands dangers, sans cesse en présence de la majestueuse nature, ils ont, par tempérament, le cœur haut placé et l'esprit droit et honnête. Sur les vaisseaux de l'État, ils montrent, au feu, un calme et une intrépidité admirables; sur les navires de commerce, leur courage est aussi souvent à l'épreuve que leur habileté.

Là c'est un incendie qui détruit leur bâtiment de bois, de toile et de goudron; ici c'est une banquise qui les écrase; ailleurs c'est un ouragan qui les jette sur un écueil où ils périssent; plus loin c'est un cyclone qui les enveloppe dans ses tourbillons.

Quand la tempête se déchaîne, quand les colis arrimés dans la cale, secoués par le roulis, se promènent de bâbord à tribord, et fatiguent le bordage au point de le rompre, quand la membrure du navire se disjoint, quand les mâts se brisent, quand l'abîme s'ouvre, un matelot est parfois enlevé par une vague. Aussitôt une chaloupe est détachée de ses palans, mise à l'eau, et trois ou quatre vaillants se précipitent au secours de l'individu en détresse, sans souci de leur existence qu'ils exposent avec élan pour arracher à la mort un camarade, à moins que la violence du météore n'oblige le capitaine à imposer silence à ses sentiments d'humanité. Alors, à ce cri : Un homme à la mer! suivi du lancement inutile d'une bouée de liège, succède l'ordre impératif et funèbre de laisser à sa place l'embarcation de sauvetage : c'est assez d'un matelot de perdu. L'infortuné emporté par la lame savait à quoi il s'exposait en montant prendre des ris; il n'en a pas moins obéi au commandement de son chef, parce qu'il sacrifie tout, même sa vie, au devoir.

Ajoutez à ces dangers les ennuis des voyages au long cours, que le tabac seul tempère, et vous aurez, *grosso modo*, une idée de la vie du matelot.

Hé bien! malgré ce régime, plus périlleux que celui du soldat en campagne et plus rigoureux que celui du du moine cloîtré, le marin aime la mer, l'aime avec fanatisme, et lui sacrifie ce qu'il a de plus cher.

Certes, après une navigation de plusieurs mois, il descend joyeusement à terre, pour y revoir ceux qu'il aime; mais si son séjour se prolonge, il se trouble, s'inquiète et n'a pas de cesse qu'il se soit rembarqué.

C'est que, pour lui, rien ne remplace le spectacle

fascinant de l'Océan, qu'en dehors de ce spectacle, tout est petit et mesquin, et qu'il est indigne d'un vrai *paqueur de toile* de « pourrir au rivage comme une vieille barque échouée. »

Sa poésie est rude et brutale et ressemble peu à celle des romances de salon qui le concernent ; cependant, elle n'en est pas moins réelle. Mettre la mer en vers, autant vaudrait, à son avis, tenter de la mettre en bouteilles. La mer est trop immense pour qu'on la décrive ; on doit se contenter de l'admirer. Aussi se borne-t-il à l'aimer passionnément, avec son cœur, avec ses sens, avec tout son être, et ne commet-il jamais le sacrilège de la comparer à quoi que ce soit, elle, incomparable comme le ciel.

Il se contente de dire qu'elle est bonne, belle, riante, tranquille, adorée, redoutée, ou bien, quand elle s'agite, qu'elle est mauvaise, furieuse, émue, qu'elle gémit ou gronde, et cela quoique sa langue soit imagée et qu'il ait le dithyrambe facile.

Écoutez-le. Sous sa parole originale, tout s'anime et se colore, tout prend un caractère particulier ; l'homme se change en bateau et le bateau devient un personnage.

Dans son dialecte aux effluves salins, ses yeux sont des *écubiers*, son nez est une *guibre* (avant du navire où l'on sculpte un attribut), sa tête une *boussole*, ses bras sont des *vergues*, sa poitrine, côté gauche et côté droit, ses *bossoirs*.

Au contraire, son navire a des joues, des flancs, du ventre, de l'allure, est coquet, brave, souple, obéissant, et sait piquer le nez dans la lame, bien tanguer.

Sur la prononciation, il a des licences devenues

classiques, en ce qui touche les points cardinaux. Dans sa bouche, le nord-ouest, devient le *nor-oi*, le nord-est, le *nor-dé*, le sud-est, le *su-et*, le sud-ouest, *sur-oi*, le sud-sud-est, le *su-su-et*, l'ouest-nord-ouest, *l'oi-nor-oi*.

Si le grain menace, c'est qu'*il va en fusiller dans le nor-oi*, ou *qu'une chique couve dans le sur-oi*; si le temps permet de courir grand largue, toutes voiles dehors, *on torche de la toile à faire fumer la barbe du diable*; si la tempête éclate, *il vente la peau du diable* ou à *décorner un bœuf*, et il faut prendre des ris, serrer les focs, les perroquets, et *faire soigneusement la chemise* des voiles, plisser parfaitement celles-ci.

Un matelot est-il ivre et titube-t-il? Il *talonne*, il *tangue*, il *roule*, il *louvoie*, il *court des bordes*, il *balande de tribord à bâbord* (1), il a *sa guigne*, il est *bituré*, il *a trop de lest*, *il n'a pas le moindre palan de retenue sur l'article de la boisson*. Est-il satisfait? *Il est au vent de sa bouée*; se blesse-t-il? *Il a une avarie*; est-il prêt à s'embarquer? *Il est paré*; est-il retenu à terre par quelque affaire ou quelque affection? *il est amarré*, désire-t-il qu'on le laisse en paix? il demande *qu'on le largue*; a-t-il rangé ses effets? il les a *arrimés*; s'est-il débarbouillé, brossé? il *s'est donné un coup de faubert*; heurte-t-il quelqu'un sur le quai ou dans la rue? *il l'a abordé*; a-t-il le mal de mer? *il compte ses chemises*; meurt-il? Il *passe de l'autre bord*; rencontre-t-il une femme agréablement mise? il a *croisé une goélette bien gréée*.

(1) Quand, sur un bâtiment, on est à l'arrière, la poupe, et qu'on regarde l'avant, la proue, on a, à sa gauche le côté bâbord, et à sa proite le côté tribord.

Un publiciste havrais de talent, M. F. Santallier, a, dans une charmante monographie du Havre, résumé spirituellement le langage maritime ; appelons-le à notre aide pour appuyer ce qui précède.

Le père Vent-Debout, dit-il, un de ces enfants de la lame, à force de bourlinguer sur toutes les mers, était parvenu au *vent de sa bouée*, à amasser une petite fortune, dont chaque pièce représentait une souffrance, une privation. Malgré sa figure renfrognée, aux rides bronzées, où le vent des tempêtes avait photographié, pour ainsi dire, un effet de ressac, c'était un bon vrézounec ou Bas-Breton, si vous aimez mieux, rugueux tout autour et bon cœur au milieu, à la façon d'une noix de coco ; il avait la panse bourrée de locutions maritimes, comme celle de Sancho l'était de proverbes. Deux seules amours se partageaient son âme : sa goélette d'abord, sa fille ensuite.

Quelle était jolie... la *Reine-Blanche* au repos ! ses voiles si bien carguées sur ses vergues qu'on eût dit un mouchoir épinglé sur le col d'une jeune femme, et en mer drapant sa toile et balançant mollement sa mâture avec la coquetterie d'une fillette endimanchée ! Alors, il oubliait son enfant ; mais quand il revenait à terre et qu'il retrouvait Blanche, son autre amour, une goélette bien plus gentille encore, à la taille fine comme une flèche d'artimon, et cambrée comme la guibre d'une frégate, le vieux marin ne songeait plus qu'à s'affourcher à quatre amarres au foyer domestique.

Blanche avait le teint mat, aussi pur que la nacre, avec les tons rosés dont la mer colore certains beaux coquillages ; sa peau avait la fraîcheur et le satiné d'une algue, et ses deux yeux bleus à reflets verts ressemblaient à un ciel de printemps qui se mire dans l'Océan.

Un jeune négociant fut frappé de cette beauté douce et fière, et un matin, muni du consentement tacite de Blanche, il se présente chez le père Vent-Debout, qu'il trouve occupé à boire un bon coup de rhum. Il le salue respectueusement, et engage avec lui une curieuse conversation qu'il a racontée bien des fois plus tard, en souriant et en jetant un regard heureux sur celle qui est sa femme aujourd'hui et qui justifie la description d'un chroniqueur normand des filles du pays :

« De riche taille, grandement soigneuses de l'entretien de leur ménage, mais superbes et hautes à la main. »

— Monsieur, dit le prétendant, cravaté de blanc, habillé de noir, en s'inclinant; Monsieur, vous avez une charmante fille.

— Ah! oui donc, pour être une belle fille, c'est une belle fille, répond modestement le capitaine Vent-Debout d'une voix passée depuis le matin au tafia. C'est ma Blanche, la consolation de son vieux marsouin de père, qui commence à donner de la bande depuis quelque temps.

— Comment donc! mais vous êtes plein de verdeur, capitaine, on ne vous donnerait pas cinquante ans..

— Et la cloche du bord pique soixante-dix !... on n'en a pas l'air, comme ça, hein! on est encore rahuché ?

— Capitaine, votre fille....

— Ma Blanche! oh! oui, c'est toute ma joie. Nous

sommes ensemble ni plus ni moins que la vergue et le raban. Ma goélette s'appelle Blanche aussi; la *Reine-Blanche*, quel beau brin de goélette! elle ressemble à ma fille, mon brave; faut la voir quand elle envergue ses frusques de fête! C'est espalmé, faraud, comme ça! Et un œil, un caïman d'œil!

— Votre fille?

— Non, ma goélette... Ça lui va bien aussi quand elle a sa croix d'or et l'estrope de suspente du même, son gréement complet de femme à la mode, comme ça! Et de la toile que ça gonfle cinq pieds de bau.

— Votre goélette?

— Eh! non, ma fille; vous savez bien que les femmes mettent à présent toutes les bonnettes basses dehors.

— Capitaine, je sais aussi bien que personne que mademoiselle Blanche est charmante; c'est pour cela que...

— C'est-à-dire que vous en tenez là... d'aplomb. Je sais ce que c'est que ces sortes de grains. Ça vous saute à bord quand on ne s'y attend pas, quasiment comme une lame sourde, et ça vous tombe par le travers avant d'avoir pu pousser la barre tribord ou bâbord pour la parer.

— Eh bien, oui, capitaine, vous l'avez compris, et je viens humblement vous demander la main de mademoiselle Blanche et briguer l'honneur d'être votre fils.

— Vous voulez naviguer de conserve avec elle, Monsieur! mais vous sentez-vous capable de commander la manœuvre du ménage, de mettre le cap sur le bonheur, vent en poupe?

— Capitaine, j'ai de la fortune.

— Eh ! je m'en moque bien de votre fortune !

— Je suis bien portant et sain de corps.

— Vous avez de la chance, vous ! Pas comme moi que ces forbans de Malais m'ont dégringolé ma meilleure vergue, au ras du capelage. Me voilà manchot, comme ça... pas de ce côté, à tribord.

— Mademoiselle Blanche et moi nous entourerons vos vieux jours de soins tendres et dévoués; dites oui, capitaine, je vous en supplie !

— Diable ! vous forcez de toile, oui; doucement, bigre ! Espère un peu ! Avant de s'amarrer comme ça bord à bord, faut se connaître, nom d'un patara !

— Ah ! çà, vieux désemparé, reprend le jeune homme impatienté, vous raisonnez comme un crabe. Je vous demande votre fille, vous me répondez bossoir et clinfoc ! Moi aussi, j'ai bourlingué, savez-vous bien, et j'ai passé plus de temps sur l'empointure d'une vergue de hune que sous la ralingue du cotillon de ma sainte femme de mère ! Je vais rester ici en panne jusqu'à ce que vous me donniez votre fille. Voilà comme je suis, moi; je ne brasse pas à culer.

A cette apostrophe goudronnée, le vieux marin sentit des larmes mouiller ses écubiers ; il se jeta dans les bras du jeune flambart, en s'écriant :

— Tu es marin: ma fille est à toi. T'as paqué de la toile, comme ça, ma vieille; nous pourrons nous entendre : tope là ; tu seras mon matelot !

Un mois plus tard, M. le maire, sur son banc de quart, célébrait le mariage, et le soir, à la noce, le père Vent-Debout, ivre de bonheur.... et de tafia, s'en allait vent-dessus, vent-dedans, bien qu'il portât la voile comme pas un vieux de la. cale, et, louvoyant au milieu des quadrilles, donnait le signal du galop général en criant : Tout le monde sur le pont!

Discipliné par état, habitué à dormir dans un hamac ou sur une couchette étroite, sous le plafond d'un entre-pont, voué à des vêtements simples autant que dégagés auxquels, du reste, il est attaché, sobre quand il le faut, c'est-à-dire quand il est embarqué, et capable d'endurer de longues privations, le marin n'est pas difficile à vivre.

Laborieux, toujours prêt à quitter son matelas, au milieu de la nuit, pour répondre à l'appel de son commandant, ne se plaignant jamais du surcroît de travail que lui apporte l'ouragan, exposant insoucieusement dix fois sa vie dans une même journée, faisant le quart sans bougonner, qu'il vente, qu'il pleuve, qu'il tonne, que le soleil brûle le pont du navire, ou qu'il gèle, il est docile autant que dévoué, surtout s'il a confiance dans ses officiers et s'il est bien traité par eux.

Où on veut l'emmener, il va; que ce soit sous l'équateur pour aller chercher des dents d'éléphants ou d'hippopotames, de la poudre d'or, du café ou du cacao, ou que ce soit sous le cercle polaire pour pêcher les cétacés et chasser les phoques. Cette année, il supporte 50 degrés de chaleur, l'année prochaine, il supportera 50 degrés de froid.

On ne peut lui reprocher sérieusement qu'un goût immodéré pour la bouteille. Mais ce goût, qui ne se manifeste guère qu'à terre, après les privations d'une longue traversée, n'est qu'un vice temporaire. Puis il a beau être « affourché à quatre amarres » dans un cabaret, en face d'un flacon d'eau de vie, il a beau boire à tire-larigot, en fumant comme une cheminée à la prussienne, dès que l'heure de se rendre à bord sonne, il se redresse, quelque attrait qu'ait pour lui la société dans laquelle il se trouve, et part, en s'équilibrant de son mieux sur ses jambes faiblissantes.

Rarement il manque à l'appel, et quand cela lui arrive, si échauffé par le vin qu'il soit, il se jette à la nage pour rattraper, dans l'avant-port, son navire qui s'en va sans l'attendre, et pour échapper aux gendarmes, toujours empressés à saisir les déserteurs afin de les traîner devant l'autorité militaire.

Persuadé qu'il n'existe point de carrière supérieure à la sienne, il proclame avec conviction, s'il appartient à la marine marchande, que son métier est le premier du monde ; s'il appartient à la marine de l'État, qu'il fait partie du *grand corps*, de la plus belle fraction de l'armée nationale.

Assez porté à mystifier le *terrien*, il sait s'arrêter à la limite des plaisanteries permises et se rendre sympathique à ceux qu'il traite le moins sérieusement. Il n'y a pas, dans un salon, d'homme de meilleur ton qu'un officier de marine, parce qu'il n'en est pas de plus poli sans afféterie et dont les manières soient, en même temps, plus distinguées et plus franches, et nous connaissons des personnes, casanières obstinées, qui, sans avoir, de leur vie, mis le pied sur une plage, se sont pris d'une vive passion pour la navigation, uniquement parce qu'elles ont eu l'occasion de fréquenter des gens de mer.

Il fallait à l'Océan des enfants dignes de lui, sachant l'aimer, capables de l'apprécier, d'affronter ses colères sans se fatiguer de la fréquence de celles-ci ; ces enfants, l'Océan les a dans les marins, qui sont maintes fois plus que des hommes, car l'héroïsme est commun chez eux.

XVI

BAIGNEURS ET PÊCHEURS

Les stations balnéaires dans l'antiquité. — L'usage des bains de mer se perd. — Époque à laquelle il reparaît. — Les plages de notre temps. — Comment il convient de prendre les bains de mer. — Durée du bain. — Le moment le plus favorable pour se baigner. — Une noyade. — Aspect d'une plage à la mode. — Promenade en mer. — Le mal de mer. — Les bateaux de pêche de Cayeux. — L'équipage de ces bateaux. — Les parts — Le chalut. — La pêche. — Triage de la prise. — Les corvées à bord. — La nourriture des pêcheurs. — Les comptes. — Un peu d'indulgence.

Tous les peuples civilisés de l'antiquité établis sur le littoral océanique ont aimé les bains de mer, et assigné à ceux-ci, dans l'hygiène, une place spéciale que l'agrément et le luxe ont souvent envahie. Anciennement, les environs de Carthage, ceux des villes maritimes de l'Égypte, de la Syrie, de l'Asie Mineure, de la Grèce, de la Sicile, étaient couverts d'habitations de plaisance où les personnages les plus considérables du pays, les riches bourgeois, allaient se reposer l'été, respirer l'air marin et se livrer au plaisir salutaire du bain; la banlieue de Rome et presque toute la côte italique, de l'embouchure de l'Arno au golfe de Salerne et au delà, possédaient de somptueuses villas, dont on voit encore aujourd'hui les substructions, et des ruines desquelles ont été retirés les chefs-d'œuvre de la statuaire gréco-romaine qui ornent les musées modernes, entre autres, pour n'en citer que deux : l'Apollon du Belvédère, qu'on admire au Vatican, et le Gladiateur, du Louvre, trouvés l'un et l'autre dans la villa de Néron, à Porto d'Anzio (Antium); l'Espagne et la Gaule avaient aussi leurs *plages* fastueuses où se pressaient, pendant trois mois de l'année, les baigneurs et les baigneuses.

Le chaos du moyen âge, dans lequel disparut la civilisation césarienne, engloba également l'usage de la villégiature marine, et les stations balnéaires les plus renommées furent délaissées.

Pillées, incendiées par les barbares et par les malfaiteurs, ces stations n'étaient plus que des monceaux de décombres. Mais lors même que la fortune les aurait protégées, nul ne s'y serait rendu.

En effet, lorsqu'en Asie Mineure, en Grèce, en Italie, en Espagne, les chemins étaient infestés de brigands et qu'on n'osait se hasarder, sans une escorte armée, hors des murs des cités; lorsqu'on ne pouvait se baigner dans la Méditerranée sans risquer d'être enlevé par des corsaires africains et emmené en esclavage; lorsque les Normands ou les Anglais ravageaient les côtes de France, de la Flandre aux Pyrénées, il était impossible que les stations balnéaires eussent un public.

On perdit donc, en Europe, l'habitude d'aller à la mer en juillet, août et septembre, et ce n'est guère que depuis l'établissement d'une sécurité générale, ou quasi générale, et la création des chemins de fer que cette habitude est rentrée dans le goût des nations policées.

Maintenant, tous les pays bornés par l'Océan ont

Plage normande.

des plages où, dès qu'il fait chaud, les railways amènent la foule, des points les plus éloignés comme des plus rapprochés.

Autrefois, du temps où il fallait trois jours pour apporter la marée de Calais à Paris, les deux tiers des Français mouraient sans avoir vu la plus grande, la plus puissante, la plus saisissante chose du monde;

Hippocampes.

à présent on compterait facilement, chez nous, les gens qui ne profitent pas, au moins une fois en leur vie, des trains de plaisir pour la mer organisés par les compagnies de chemins de fer.

Actuellement, les bains de mer sont, comme ils l'étaient au premier siècle de notre ère, le complément indispensable de l'existence mondaine; aussi, pour trouver, en juillet et en août, les familles riches citadines et beaucoup de familles aisées seulement, habitant les centres de population de l'intérieur, faut-il se rendre au bord de l'Océan.

C'est là que se donne le ton et que s'impose la mode durant la canicule.

La passion maritime qui s'est développée chez les *terriens* modernes, au fur et à mesure que se transformaient et s'amélioraient les moyens de transport, a naturellement entraîné la création de nombreuses stations balnéaires où tout ce qui est de nature à retenir les baigneurs courses, régates, jeux, bals, représentations théâtrales, concerts, a été organisé, souvent d'une façon digne d'une capitale.

De ce côté de l'Atlantique, les *plages* qui ont aujourd'hui la vogue et où, par conséquent, il n'est pas toujours prudent de se risquer quand on n'a pas le gousset garni, sont celles du département du Calvados, de la Seine-Inférieure, de la Somme et du Pas-de-Calais, que trois à quatre heures séparent de Paris, par les trains express; en Belgique, Ostende, et en Angleterre Brighton, sur la Manche.

Les bains de mer conviennent aux personnes débiles ou nerveuses et produisent des effets plus prononcés que les bains froids d'eau douce; toutefois, leur action mécanique sur le corps est telle qu'on agit sagement, lorsqu'on est malade, en ne les prenant que suivant les prescriptions du médecin. Les gens sobres qui mangent peu d'aliments excitants et boi vent peu d'alcool, s'en trouvent communément bien.

Le mouvement des marées déplaçant quotidiennement l'heure du bain, il est difficile de déterminer invariablement cette heure pour les plages où la mer a de grandes fluctuations; néanmoins, on peut dire que le moment le plus favorable de la journée pour se baigner est le matin. Après que la nuit a achevé et parachevé le travail laborieux de la digestion, le bain a tous ses effets utiles.

En principe, trois ou quatre heures d'intervalle sont indispensables, si l'on tient à éviter des congestions, entre le dernier repas qu'on a pris et le bain qu'on prend.

Se baigner quand on est excité par un exercice violent, quand on est en sueur, ou quand on s'est trop refroidi par une inaction prolongée, est mauvais au même degré. La baignade n'est bonne que lorsque la température du corps est normale.

Ajoutons que le meilleur mode d'immersion est d'entrer d'emblée dans l'eau jusqu'aux cuisses, et de se baisser brusquement ensuite comme si l'on voulait s'asseoir.

Piquer une tête d'abord ne réussit pas à tout le monde; se mouiller de bas en haut vaut mieux que se mouiller de haut en bas.

La durée du bain n'est pas fixée; elle varie suivant l'âge et l'état de santé des baigneurs, et suivant la nature du temps. Par exemple, les enfants, les vieillards, les femmes, font bien en limitant cette durée à un quart d'heure, au maximum; les jeunes gens et les hommes dans la force de l'âge peuvent la prolonger au delà d'une demi-heure.

Le signal, pour tous, de retourner à terre, est l'instant où l'impression qu'on éprouve dans l'eau devient désagréable. Alors, et avant que ne commencent les frissons, vite à la cabine où l'on plonge ses pieds dans une seille d'eau tiède et où l'on s'essuie avec des linges secs.

Une promenade à la suite du bain n'est jamais nuisible ; mais ce qui aurait certainement des inconvénients, ce serait de manger au sortir de l'eau. Il est nécessaire de laisser s'écouler trente à quarante minutes entre le bain et le prochain repas.

Sur les côtes de l'Océan et sur toutes celles où le flux et le reflux modifient incessamment l'allure du flot, les moments les plus propices pour se baigner sont celui où la mer monte et celui où elle bat son plein.

A la basse mer, l'eau, qu'il faut aller chercher loin, est vaseuse ; à la mer descendante, l'eau bonne et claire, est traîtresse et peut, en se retirant, emporter le baigneur ; à la mer montante, l'eau trouble, parce qu'elle remue le fond, mais agitée et poussant vers la plage tout ce qu'elle rencontre, offre un mouvement et une sécurité qui ont leur avantage ; à la mer étale, l'eau limpide et tranquille est, tant qu'elle reste stationnaire, excellente pour le bain ; malheureusement, à la pleine mer, on perd pied à quelques pas du rivage.

Ce qui précède s'applique au beau temps, au temps calme, hâtons-nous de le noter, car la prudence la plus vulgaire interdit de se baigner à mer montante ou à haute mer aussi bien qu'à mer descendante, quand le vent souffle en tempête, et c'est pour avoir méprisé cette prudence que tant de personnes se noient, chaque été, et que nous faillîmes nous-même nous noyer, un jour, à Cayeux, près de la baie de la Somme, quoique la marée montât.

Le ciel était nébuleux, la brise soulevait des tourbillons de poussière, la mer était démontée et la plage déserte. Démangé du désir de nous baigner, nous nous mîmes pourtant à l'eau, et nous nous amusâmes à braver le flot écumant, sans toutefois nous éloigner du bord.

Tout à coup la mer déferla avec un redoublement de furie, une vague énorme nous renversa et, dans son mouvement de reflux, nous emporta. Nous essayâmes de nous rattraper : peine inutile. Des vagues successives de 2 à 3 mètres de hauteur nous abattirent, nous étourdirent, nous roulèrent, et bientôt nous nous débattîmes, entre deux eaux, suffoqué et perdant rapidement nos forces. Nous criâmes au secours ! on ne nous entendit point. Alors nous eûmes les sensations terribles de l'individu qui se noie et comprend qu'il va mourir. Par bonheur, à l'instant où l'espoir nous abandonnait et où l'asphyxie allait nous faire couler à pic, une montagne d'eau, soulevée par une bourrasque, nous rejeta à vingt pas du rivage en s'écrasant d'une manière exceptionnelle qui lui ôta les trois quarts de sa force de retraite, en nous découvrant jusqu'aux épaules. Redoublant immédiatement d'énergie, nous nous précipitâmes en avant et nous parvînmes, tandis que d'autres vagues monstrueuses couraient derrière nous en grondant, à atteindre la terre ferme où des baigneurs, qui nous avaient aperçu de la terrasse du casino, vinrent nous ramasser, à demi-mort.

Nous devions notre salut au hasard, c'est-à-dire à la montagne d'eau précitée, dont le mouvement naturel de la marée montante avait augmenté l'élan; à marée descendante, tiré vers le large par la puissance irrésistible du reflux, nous eussions été perdu.

Pendant cette baignade dramatique, nous n'avions pas seulement failli nous noyer, nous avions encore risqué d'être tué par une lame qui nous aurait lancé, la tête la première, sur les galets.

Ce dernier accident se renouvelle fréquemment sur les bords de la Manche.

Conclusion : ne point se baigner par une mer méchante, si bon nageur qu'on soit.

L'aspect d'une plage à la mode est toujours pittoresque, par une belle journée de juillet ou d'août et à marée basse. Là, ce sont des mamans assises sur des pliants et brodant, en surveillant leurs enfants qui cherchent sur le rivage des hippocampes et des étoiles de mer ou qui, armés de pelles, bâtissent des châteaux et des forteresses de sable que la mer montante fera crouler; ailleurs, ce sont des jeunes filles et des jeunes gens de la même société, jouant au croquet; plus loin, des chasseurs bottés ou chaussés d'espadrilles, tirant des mouettes, des amazones passant orgueilleusement à cheval... ou à âne, des baigneurs étendus sur les galets et lisant en fumant, des enfants, les pieds dans l'eau, et attrapant à la truble des crabes et des crevettes, de pauvres vieilles femmes fouillant la vase avec une bêche, pour trouver de longs vers rouges qu'elles vendront aux pêcheurs à la ligne, des matelots radoubant leurs bateaux, à sec sur le sable, ou en quête de clients désireux de faire une excursion en mer.

Qu'un groupe de baigneurs désœuvrés survienne, et ces derniers font aussitôt affaire. Vingt personnes sont encaquées dans une barque capable de contenir dix individus, la voile est larguée, et en route pour des îles inconnues !

Durant le trajet, on risque d'échouer sur un haut-fond ou de se briser contre un écueil, on a des émotions de naufragés, et l'on retourne au point de partance, à l'heure du dîner, fier de la navigation accidentée qu'on a accomplie.

S'il a fait de la houle, les passagers qui ont été malades jurent, en quittant la barque, blêmes, fatigués et défaits, qu'ils ne s'exposeront plus, pour or ni pour argent, à la souffrance qu'ils viennent d'éprouver; et ils sont sincères, car le mal de mer est réellement un mal atroce, qui s'attaque à ce qu'il y a de plus sensible chez l'homme : la tête et le cœur, et dont les crises douloureuses et accablantes n'ont pas d'analogues dans les autres affections humaines.

Dès l'origine, on a recherché des remèdes pour prévenir ou guérir cette diabolique indisposition à laquelle sont sujets, chaque fois qu'ils s'embarquent, quantité de marins, et on n'en a pas trouvé d'efficaces.

Voici, par exemple, le spécifique que recommandait, au moyen âge, le chanoine Bernard de Breydenbach, de Mayence, et que nous traduisons d'un Guide latin du pèlerin en Terre-Sainte publié au quinzième siècle:

« Si le voyageur éprouve des nausées et craint des vomissements, qu'il use de sirop de sébeste ou de grenade avec de la menthe, ou qu'il suce des cédrats avec des tamarins. Qu'il respire l'odeur de grenades et de cédrats cuits ensemble et qu'il diminue sa nourriture. Si les vomissements commencent, qu'il rende sa bile et se serve ensuite des remèdes ci-dessus. »

Le guide en question ajoute :

Le médecin Rasès dit : « Quand on veut aller sur mer, il faut renoncer au rob de fruits et aux médecines dont on avait l'habitude. Quelques jours avant de s'embarquer, on diminue la quantité habituelle de son alimentation et on se met au régime des fortifiants. Le premier jour, au lieu de redouter l'eau de mer, on doit absorber quelques gorgées de cette eau, qui réprime les vomissements. Si tout cela ne suffit pas, on prend, dans un peu de rob de fruits, du sumac et des grains de grenade. »

Les préservatifs ou les curatifs les plus vantés produisent à peine deux fois sur mille l'effet qu'on attend d'eux, et ne valent pas ces simples conseils dont se sont toujours bien trouvés ceux qui les ont suivis : dès les premiers symptômes du mal, se promener sur le pont du navire, plutôt au milieu qu'à l'arrière ou à l'avant, se distraire, tenir la tête haute, éviter de regarder le plancher, sucer un citron, dont on respire l'odeur, manger, quand on peut le faire sans dégoût, boire de la limonade, quand on a soif, et si les crampes d'estomac deviennent trop violentes, se coucher. Étendu sur un matelas, on souffre moins, quelle que soit l'intensité du mal. Se couvrir préalablement le corps de flanelle.

Le départ et le retour des bateaux de pêche comptent parmi les distractions diurnes des stations balnéaires. Un de ces bateaux apparaît-il, on se presse

Étoiles de mer.

pour savoir s'il a subi des avaries et s'il rapporte du beau poisson, car le métier de pêcheur est rude et peu lucratif, on ne l'ignore pas.

Au début d'une saison de bains, à Cayeux (le nom de ce bourg maritime s'est déjà trouvé sous notre plume), nous eûmes l'occasion de passer plusieurs jours au large, sur un bateau de pêche, et d'étudier le travail de ceux qui montaient ce bateau ; nous résumerons ici, pour finir, les observations que nous notâmes alors ; elles donneront une idée de l'existence des matelots de nos côtes de la Manche.

Cayeux est un grand village de 3 000 âmes environ, dont la plage, qui s'étend sur une longueur de plus de 12 kilomètres, est bordée d'un banc continu de galets et de dunes de sable fin que la mer laisse à sec à marée basse. Habité, en partie, par des pêcheurs, il n'a cependant pas de port, à cause des hauts fonds qui défendent ses approches, et ses gros bateaux de pêche sont attachés au Hourdel, hameau de 250 âmes situé sur une langue d'alluvions, en face du Crotoy, et qui possède un bassin d'où, à marée haute, il est facile de gagner le chenal de la baie de Somme.

Les gros bateaux de pêche de Cayeux appartiennent à la catégorie des sloops. Robustes et élégants de formes, portant une mâture sans hunes : grand mât, mât de tapecu et beaupré mobile glissant sur l'éperon dans un crampon de fer, voilés de façon à serrer facilement le vent de près, ils sont fins coureurs et se comportent parfaitement à la mer, sur laquelle ils ressemblent, de loin, à de gigantesques mouettes.

Leur équipage se compose d'un patron, d'un second, d'un novice, d'un mousse et de sept ou huit matelots rompus au métier et que l'orage ni la besogne n'effrayent.

Le départ pour la pêche.

Cet équipage n'a pas de paye fixe, il est à la part. Si la pêche est bonne et vendue à un prix avantageux, les parts sont belles ; si la pêche est mauvaise ou si le poisson est vendu à vil prix, les parts sont petites.

Le patron a trois parts ; d'ordinaire les filets lui appartiennent et il est obligé de les entretenir et de les remplacer lorsqu'ils sont hors de service ; le second a une part et demie, le novice a trois quarts de part, le mousse une demi-part, les autres hommes ont chacun une part.

De son côté, le propriétaire du bateau a cinq parts.

A moins de tempêtes ou d'avaries graves, qui l'obligent à regagner hâtivement le port d'attache, le Hourdel, quand un bateau lève l'ancre et largue ses voiles, c'est pour louvoyer durant huit ou quinze jours, faire régulièrement deux marées, en d'autres termes, demeurer pendant vingt-quatre heures consécutives à la pêche, et se rapprocher quotidiennement de Cayeux pour se débarrasser de son poisson, qu'un de ses matelots, laissé en réserve, un militaire dirait au dépôt, va chercher, dans une barque *ad hoc*, et qu'un autre matelot du bord emporte.

A tour de rôle, chaque homme de l'équipage, y compris le patron, passe un jour à terre. L'homme au repos a mission de guetter, le matin, du haut des galets, le bateau, et d'aller au-devant de celui-ci, dans un canot aux larges flancs destiné à recevoir *la marée*, contenue dans des mannes. Dès qu'il a accosté, un autre homme le remplace ; il saute à bord, le poisson est descendu dans la barque, et le bateau et le canot se séparent, l'un regagnant le large, l'autre filant vers le rivage où l'attendent les femmes des matelots de l'équipage, qui se chargent de porter à la halle les mannes pleines et de chauffer la vente, à laquelle elles sont intéressées.

Les pêcheurs de Cayeux pêchent à la ligne et au filet, mais plus particulièrement au filet. D'ordinaire, dans un coup de chalut, ils prennent des poissons d'espèces différentes, entre autres des soles, des turbots et des barbues.

Le meilleur temps pour pêcher est le temps avec brise fraîche. Quand l'atmosphère est calme, le bateau ne marche pas et le chalut ne ramasse rien; quand l'ouragan se déchaîne, les difficultés des manœuvres et la grosseur des vagues rendent la pêche impossible. Ni accalmie ni vent violent, voilà ce que souhaitent, lorsqu'ils sortent, les pêcheurs picards ou normands, et sans doute aussi les pêcheurs de tous les pays.

Le chalut est jeté à l'eau une fois le jour et une fois la nuit. Par exemple, mis à la mer à 2 heures de l'après-midi, il est relevé à 8 ou 10 heures du soir, puis rejeté vers minuit pour être ramené sur le pont à 5 ou 6 heures du matin.

Notons, en passant, que la pêche au filet est plus fructueuse la nuit que le jour.

L'hiver, il advient que le chalut est jeté quatre fois en vingt-quatre heures. A cette époque, poussé par la brise qui souffle favorablement, le bateau fait beaucoup de chemin et conséquemment le chalut se remplit vite.

Jeter et relever le chalut sont deux opérations fatigantes et rudes, surtout en novembre, décembre, janvier et février. L'instant venu, à l'appel du patron, tout le monde accourt et travaille sans se plaindre, sans rechigner, en chantant une mélopée étrange, sorte d'ahan qui consiste dans l'émission de ah ! de oh ! de eh ! accompagnés de phrases entrecoupées.

Pour remonter le chalut du fond de la mer où il traîne, l'équipage entier, jusqu'au mousse, est au cabestan, et peine, souffle et sue.

La lourde machine retirée de l'eau, on hisse sur le pont, à l'aide d'un câble, son extrémité qui pèse, à ce moment, à elle seule, plusieurs centaines de kilos et a la forme d'un sac. C'est dans cette extrémité, fermée par une corde solide, que se trouve, serrée, tassée, confondue, la prise.

La corde déliée, la poche du chalut ouverte, le *pichon* se répand au pied du grand mât, et le triage commence.

Les seiches, qui ont tout teint en noir avec leur liqueur, passent dans un panier pour être vendues comme amorce à des pêcheurs du Tréport ou de Dieppe qui pêchent à la ligne ; les turbots et les soles sont précieusement mis à part ; des corbeilles de jonc, plus ou moins grandes, reçoivent les autres sortes de poisson.

La prise triée, lavée et descendue dans la soute qui lui est affectée, les crabes, les coquillages, les pierres et tous les détritus amenés avec elle sont rendus à la mer, le pont est nettoyé, et, une heure ou deux heures plus tard, le chalut est rejeté.

Il arrive quelquefois que le filet ramène, au milieu du poisson, le corps d'un noyé ; dans ce cas, le cadavre est porté à terre.

S'il advient qu'un esturgeon fasse partie de la prise, le bateau retourne à la côte pavoisé.

Les corvées à bord sont ainsi réglées : tout le monde à l'ouvrage pour jeter ou relever le chalut et pour trier le poisson et laver le pont; ensuite, deux hommes de quart, ou seulement un homme à la barre, quand le temps est beau ; tout le monde en haut lorsque le temps est mauvais et qu'il faut manœuvrer sans relâche pour fuir devant lui.

Pendant l'intervalle des corvées, les matelots, au lieu de bayer aux corneilles, au grand air, descendent dans leur carré commun, pour se reposer ou manger.

La nourriture des pêcheurs est maigre : du cidre ou de la bière (sur les côtes bretonnes, normandes ou picardes), des légumes secs, du beurre, de la chicorée pour faire du café, du sel, du sucre, et c'est tout. Ces provisions, fournies par le propriétaire du bateau et payées sur les parts de tous, sont en commun. Quand un pêcheur consomme de la charcuterie ou de la viande de boucherie, ou du fromage, c'est à ses dépens.

Il est interdit à l'équipage d'augmenter son ordinaire avec les turbots ou les soles qu'il a pêchés, mais il peut manger, à sa faim, de tous les poissons de petit volume et de qualité inférieure que le chalut a ramenés.

Chaque homme fournit son pain, et le mousse remplit les fonctions de cuisinier.

Toutes les fois que le bateau rentre au port d'attache, le produit des ventes quotidiennes des prises aux mareyeurs est totalisé, les frais de diverses sortes (par exemple la réparation des avaries qui est à la charge de l'équipage) sont prélevés, puis les parts sont faites, l'armateur prend sur celles des matelots le

Seiches.

prix des vivres ci-dessus mentionnés, et cette besogne compliquée accomplie, chacun s'en va chez soi, pour vingt-quatre ou quarante-huit heures, avec son léger pécule qui ne lui permet pas toujours de maintenir sa famille, peu dépensière, peu exigeante et travailleuse pourtant.

Alors si, abattu par son impuissance, éreinté par le rocher de sisyphe qu'il roule incessamment au milieu des privations et des dangers, il oublie momentanément la tempérance et a des tendances à devenir carotteur avec le terrien, il ne faut pas crier trop fort haro sur lui. Sa vie est dure ; il a droit à des circonstances atténuantes.

L'indulgence pour soi est un défaut; l'indulgence pour les autres, lorsqu'elle ne dégénère pas en faiblesse, est une qualité capable de conduire à la recherche et à la découverte des moyens propres à diminuer les misères qui enfantent les vices.

TABLEAU

COMPARATIF PARTIEL DE LA SALINITÉ DES MERS.

Nous avons donné, pages 91 et 92, quelques chiffres touchant la salinité des mers. Cette salinité, très variable, n'est pas égale sur tous les points d'une même mer. Par exemple, la Méditerranée est plus salée près des côtes d'Afrique que près des côtes d'Europe, parce qu'elle reçoit beaucoup plus d'eau douce de l'Europe qu'elle n'en reçoit de l'Afrique; l'Atlantique est moins salé entre le Brésil et la Guyane, où s'étale le flot de l'Amazone, qu'autour des Antilles; de là, des différences sensibles dans les analyses, incomplètes d'ailleurs, des eaux marines.

Le tableau synoptique ci-après contient des renseignements empruntés aux travaux de Laurens, J.-B. Roux, Wurtz, Fremy et d'autres savants; il fournira aux lecteurs, avec une vue d'ensemble suffisante quoique partielle, des éléments de comparaison intéressants.

Disons incidemment, avant de finir, que l'eau de la mer Morte, la plus riche en substances salines de toutes les eaux de mer, renferme presque le quart de son poids de ces substances. Aussi ne nourrit-elle ni poissons, ni êtres vivants d'aucune sorte, et ne peut-on s'y noyer, ce qui est assez original. Malgré tous les plongeons, le corps y surnage comme un bouchon de liège. Gluante, extraordinairement pesante et ne fleurant pas bon, cette eau est pourtant claire.

DANS MILLE GRAMMES D'EAU MARINE, IL Y A :

	Mer Méditerranée	MANCHE	Mer du Nord	Mer Baltique	Océan Atlantique	Mer Noire	Mer d'Azof	Mer Caspienne	Océan Pacifique	Mer Rouge
Chlorure de sodium ...... gr.	28.02	27.059	23.58	5.894	27.18	14.019	9.658	3.673	25.10	28.55
— de potassium.... »	»	0.765	1.01	»	0.72	0.189	0.127	0.076	0.50	1. »
— de magnésie..... »	6.14	3.066	2.77	1.613	2.94	1.308	0.887	0.632	3.50	6.20
Sulfate de magnésie...... »	7.02	2.295	1.99	[illegible]	1.74	1.470	0.764	1.238	5.78	7.06
— de chaux.......... »	0.15	1.406	1.11		1. »	0.104	0.287	0.490	0.15	0.20
Bicarbonate de chaux.... »	0.01	0.033	0.47		0.46	0.358	0.022	0.170	»	0.15
— de magnésie. »	0.19	»	»		0.27	0.208	0.128	0.012	0.18	0.15
Potasse................ »	0.01	»	»		»	»	»	»	0.23	0.09
Matières organiques....... »	traces	traces	traces	traces	traces	traces	traces	traces	traces	traces
Iodure de potassium...... »	traces	traces	traces	traces	traces	traces	traces	traces	traces	traces
Bromure de magnésie...... »	traces	0.292	0.29		0.31	0.005	0.003	traces	traces	traces
Acide silicique .... »	traces	traces	traces	traces	traces	traces	traces	traces	traces	traces
— carbonique....... »	0.20	»	»		»	»	»	»	»	0.20
— sulfurique......... »	traces	2.004	2.56	0.719	2.44	»	»	»	2.78	traces
Matières solides......... »	41.74	36.920	33.78	8.228	37.06	17.661	11.876	6.294	38.22	43.60

TABLE DES MATIÈRES

I

LES COURANTS

II

L'AIR

III

AGITATION DE LA MER

IV

ACTION ÉROSIVE DE LA MER

V

PROFONDEUR, COULEUR ET SALINITÉ DE LA MER

VI

TEMPÉRATURE DE LA MER

VII

FAUNE ET FLORE DE LA MER

VIII

LES MONSTRES DE LA MER

IX

LES INFINIMENT PETITS

X

LES FAISEURS D'ILES

XI

LES ATOLLS

XII

LES PLUIES

XIII

ORIGINES DE LA MARINE

XIV

MARINE DE GUERRE ET MARINE MARCHANDE

XV

LES MARINS

XVI

BAIGNEURS ET PÊCHEURS

FIN DE LA TABLE DES MATIÈRES.

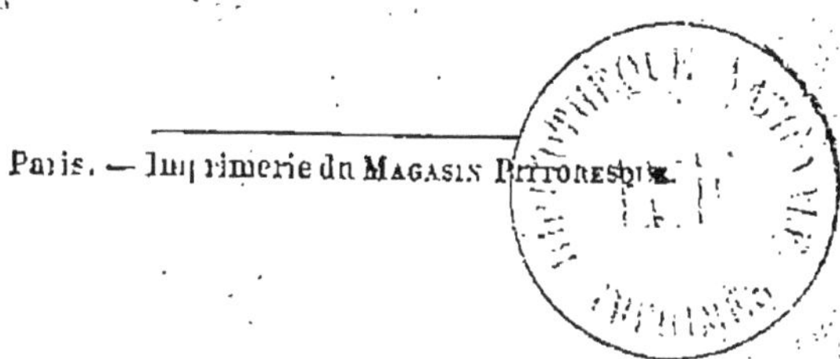

Paris. — Imprimerie du MAGASIN PITTORESQUE.

CHEZ LES MÊMES ÉDITEURS

BIBLIOTHÈQUE INSTRUCTIVE

Collection de volumes in-16 illustrés, brochés...... 2 fr. 25
Cartonnés en toile rouge ou lavallière, avec plaque or, tranches dorées. 3 fr. 50

Madagascar, par H. LE CHARTIER et G. PELLERIN. 1 vol., 60 gr. et 1 carte.

Le Liège et ses applications, par H. DE GRAFFIGNY. 1 vol., 50 grav.

L'Armée d'Afrique, par le Dr F. QUESNOY. 1 vol., 46 grav. et 1 carte.

La grande Pêche (Tortues de mer, Animaux inférieurs), par le Dr H.-E. SAUVAGE. 1 vol., 70 grav.

Les Invisibles, par FABRE-DOMERGUE. 1 vol., 90 grav.

Tahiti *et les Colonies françaises de la Polynésie*, par H. LE CHARTIER, avec une lettre-préface de M. FERD. DE LESSEPS. 1 vol., 25 grav. et 2 cartes hors texte.

Les grands Conquérants, par A. DESPREZ. 1 vol., 50 grav.

Le Combat pour la vie, par O. DE RAWTON. 1 vol., 110 grav.

La Mer, par A. DUBARRY. 1 vol., 90 gravures sur bois.

Nos frontières perdues, par A. LEPAGE. 1 vol., 80 gr. et 13 cartes.

Histoire de la Lune, par W. DE FONVIELLE. 1 vol., 72 grav.

La Chine, par Victor TISSOT. 1 vol., 65 grav. sur bois.

L'Algérie, par le Dr F. QUESNOY. 1 vol., 100 grav. et 1 carte.

Les Insectes nuisibles à l'agriculture et à la viticulture. Moyens de les combattre, par E. MENAULT. 1 vol. orné de 105 grav. sur bois.

Les Paysans et leurs Seigneurs avant 1789, par L. MANESSE. 50 grav.

Les Grandes Souveraines, par A. DESPREZ. 50 grav.

Nouvelles lectures scientifiques. *Première année*, par Max. FLAJAT. 1 vol., 236 grav.

L'Homme blanc au pays des noirs, par J. GOURDAULT. 1 vol., 70 grav. et 1 carte de l'Afrique.

La Nouvelle-Calédonie et les Nouvelles-Hébrides, par H. LE CHARTIER. 1 vol., 45 gravures et 2 cartes.

Les Plantes qui guérissent et les Plantes qui tuent, par O. DE RAWTON. 1 v. 130 grav.

Jeanne Darc, par HENRI MARTIN, de l'Académie française. 20 gr.

L'Héroïsme français, par A. LAIR. 1 vol. orné de 56 grav.

Les Colonies perdues (le Canada et l'Inde), par CH. CANIVET. 1 vol. orné de 65 grav.

Le Japon, par G. DEPPING. 1 vol., 47 grav. et 1 carte.

L'Architecture en France, par G. CERFBERR DE MÉDELSHEIM. 1 vol. orné de 126 grav.

Le Boire et le Manger, par Armand DUBARRY. 126 grav.

Les Généraux de la République, par A. BARBOU (2e édit.). 1 vol. orné de 35 grav. sur bois.

Voyage de la mission Flatters au pays des Touareg-Azdjers, par le capitaine H. BROSSELARD. 1 v., 40 gr. et 1 carte.

La grande Pêche (Les Poissons), par le Dr H.-E. SAUVAGE. 1 vol. orné de 67 gravures.

Les Chasses de l'Algérie, par le GÉNÉRAL MARGUERITTE (3e édit.). 1 vol. orné de 65 grav.

L'Égypte, par J. HERVÉ. 1 vol., 87 grav. sur bois et 2 cartes.

L'Art de l'éclairage, par Louis FIGUIER (2e édit.) 114 grav.

Les Aérostats, par Louis FIGUIER (2e édit.). 1 vol., 53 grav.

1411-98 — Corbeil. Imprimerie Crété.

www.ingramcontent.com/pod-product-compliance
Ingram Content Group UK Ltd.
Pitfield, Milton Keynes, MK11 3LW, UK
UKHW012204240726
13966UKWH00002B/561

9 782011 949905